週末は

「婦唱夫随」の宝探し

宝石・鉱物採集紀行

辰尾良二・くみ子

そもそも妻のくみ子さんは生まれた時からキラキラ光るモノが大好き。
バブー うつくしい
牛乳ビンを少しづつたたき割って底を抜き、フチをみがいて宝物にするような子供。そんなくみ子さんもいつしか大人になり、ジュエリーの販売などもやってはみたが、心は鉱物の採集へと向かっていった。
石の本
日本でも宝石がとれるのかー
しかし運転は大のニガテ。そんなある日運転手が天から舞い降りた!!(夫)
中古車 濃い色の車なのでアブが寄ってくる
一応 釣りザオなども持っていってみる
シンプルな毛布
こども バケツ
なつかしいお兄さんが持つようなスキーザック
お風呂セット2つ 行った先で温泉や浴場を捜す.
蚊取り線香
軽ワゴン
ひろったシャベル
道の駅などに車をとめて このように車内に宿泊
草刈りガマ
ふるい

築地書館

探しに行こう！「水晶とガーネット」

世界中で最も多い鉱物である「水晶」。
そして意外にも日本全国で見つかる「ガーネット」。
ハイキングやキャンプのお土産に
これらの宝石を探してみるのはいかが？

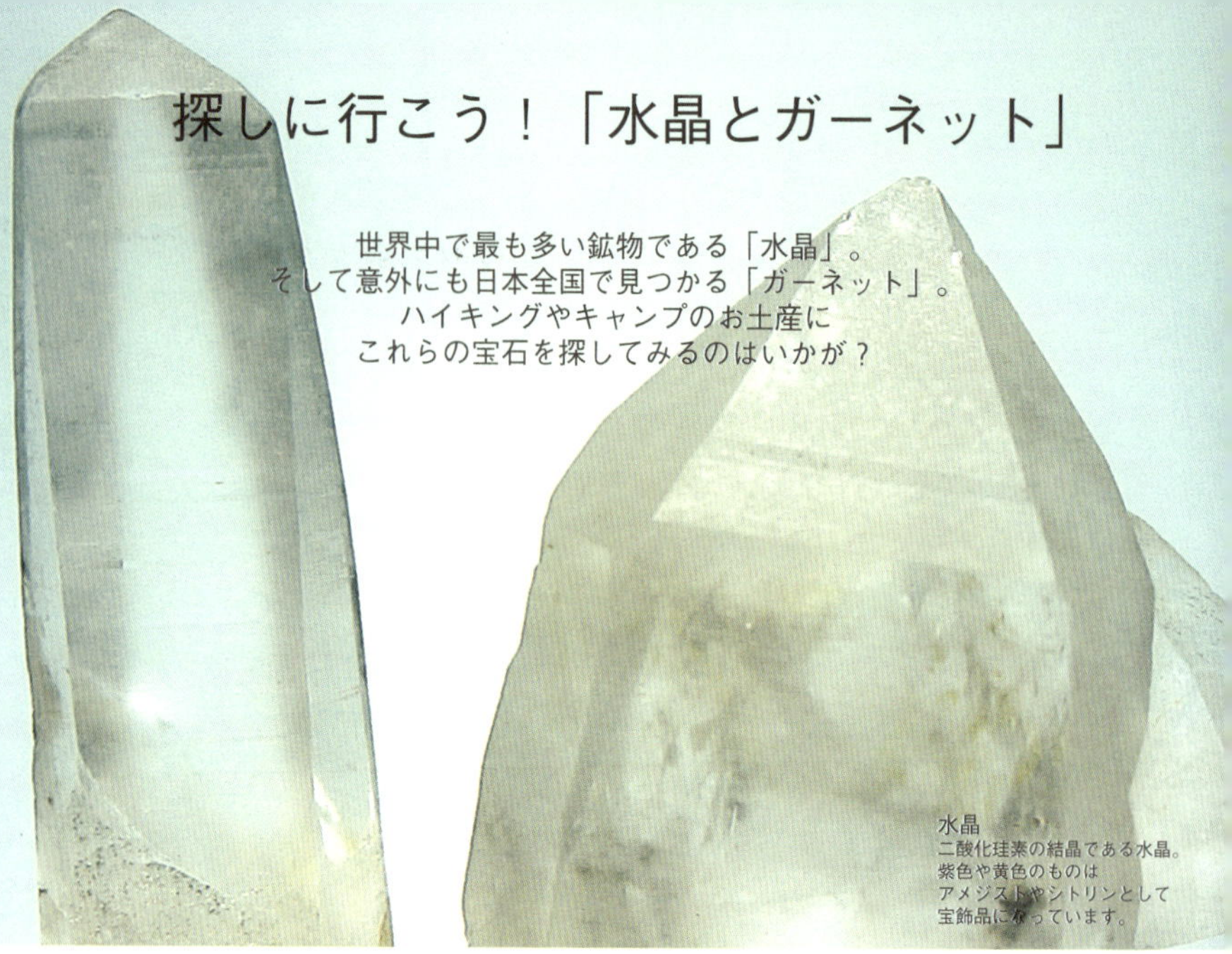

水晶
二酸化珪素の結晶である水晶。
紫色や黄色のものは
アメジストやシトリンとして
宝飾品になっています。

長野県

岐阜県

高知県

愛媛県

茨城県

山梨県

大分県

富山県

山梨県

長崎県

奈良県

新潟県

山梨県

茨城県

ハイキングに行って、きれいな石を拾ったことはないですか？

目線は植物の観察などよりも下にしてみましょう。宝石は、地面の中に隠れているのです。

でも、林道を掘ってみるわけにもいきませんね。ここはひとつ、小川や沢を見つけたとき、休憩ついでにフルイがけをしてみるというのはいかが？

シャベルで土をすくい、フルイに入れチャプチャプと水で揺すって土を落とす。

そのフルイをのぞき込んだとき、きっとその中にキラッと光る宝石を見つけることができるでしょう。

ガーネット
6種類の仲間を持つガーネット。
日本では、その6種類すべてを見つけることができます。
色は大きく分けて2種類。
深いワインレッドと緑がガーネットの基本色です。

アルマンディン：鉄ばん柘榴石　アンドラダイト：灰鉄柘榴石
ウバロバイト：灰クロム柘榴石　グロッシュラー：灰ばん柘榴石
スペサルティン：満ばん柘榴石　パイロープ：苦ばん柘榴石

アンドラダイト（滋賀県）

アンドラダイト（奈良県）

アルマンディン（茨城県）

グロッシュラー（富山県）

グロッシュラー（岐阜県）

スペサルティン（長野県）

とくにアンドラダイトの中には
レインボーと呼ばれる七色の遊色を
見せるものもあり、鉱物愛好家にとどまらず
多くの人々を魅了しています。

レインボー（奈良県）

レインボー（奈良県）

レインボー（奈良県）

レインボー（奈良県）

レインボー（奈良県）

ウバロバイト（長野県）

スペサルティン（愛知県）

パイロープ（愛媛県）

本書に登場する宝石たち part 1

第1旅・第2旅

アルマンディンガーネット（茨城県桜川市）

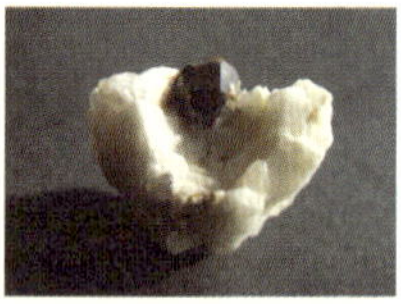

ベリル（茨城県桜川市）

第3旅

ヒスイ（富山県朝日町）

第4旅

水晶（山梨県甲州市）

第5旅

トパーズ（岐阜県中津川市）

46-94

「石」にキョーミのなかった夫のまえがき～はじめての宝石・鉱物採集

宝、お宝、宝石、秘宝、秘宝館……。

ああ、なんてすてきな言葉の響きなんでしょう。

「宝探し」という言葉には、男を惹きつけてやまない何かがあるのです。

数年前の春。私たち夫婦はまともな予備知識もなく宝石を探しに行こうと決めました。

しかし、決めたのはいいけれど、生まれてはじめての宝探し、準備しなければならないものは何か、道具などはどこから用意すればいいのか、そもそもどこへ行けば宝石があるのか、何にもわからない状態が出発点です。

こんないいかげんさで宝石なんか見つかるわけがないと思うでしょ。

ところがその気になってみると、その気持ちに呼応するかのように人との出会いがあり、情報があり、そのおかげでこんな**ド素人の私たちにも**結構他人に自慢できる宝石を見つけられているんです。

最低限のマナーさえ守れば、難しい心構えなんてイラナイ、イラナイ。
その気持ちに宝石は必ず応えてくれます。さあ一緒に宝探しの旅に出かけましょう。
宝探しは面白い！

「石」好きの妻のまえがき〜これから鉱物採集を始めたい女性へ

鉱物好きの男性が奥さんを誘って採集に行くのは簡単だと思うよ。

基本的に女性は光りものが大好きだし、「宝石店で売っている石が**タダで手に入る**んだよ」なんていわれれば、反応しない女の人なんていないと思う。

ま、いざとなったらひとりで行っちゃうって手もあるけれど、なんだかんだいっても奥さんはついて来てくれると思う。

でも、これがもし逆だったら……。

鉱物好きの奥さんがダンナを説得して採集につき合ってもらうのって至難のワザ！

「えー、めんどくさいよー」とか「石だったら、そこの河原にでも行って拾ってくれば」なんていって動いてくれない。ウチのダンナもホントに出無精で動いてくれなかったのよ。

でもね、だからといってひとりでなんて行けるわけないし、友だちを誘ってみても女同士じゃいろんなことが不安。だいいち、一緒に行ってくれそうな友人が身近にいるかどうかもわからない。ここはやっぱりダンナを説得しないと話は始まらなさそう。

で、どうやって説得するか？　未婚の人は彼氏や家族の説得ね。はっきりいって1回だけはつき合ってくれると思うの。「宝探しに行こ」って何度もしつこく誘えば、「しょうがねえなあ1回だけだぞ」って感じで。

そしたら「やったー！」って素直に喜ぼう。でも、心の中では冷静になってなくちゃダメよ。なぜならその1回が最も大切なんだからね。

わかるでしょ。もしその1回が空振りだったら「次はない」のよ。

ということは、**何を採りに行くかがきわめて重要**になってくるよね。

いくら珍しくても地味な石じゃ「ふーん」で終わっちゃう。なるべくインパクトのある石にしないとダメ。色がキレイで結晶の形がはっきりしている石、さらに誰もが名前を知っているような、指輪なんかになっているような石を選ぶべき。

宝石を採りに行くっていえば、一気に「宝探し」の要素が高まって、行く前から興味をそそることができる。そしてそれが本当に採れたら、ばっちり**ハートはつかめるから**。

いい？　ポイントはふたつ。

「誰もが知っている形のハッキリした色のいい石を採りに行く」こと。

そして、

「**行けば絶対採れる産地に行く**」こと。

1番のお勧めは「ガーネット」、2番「水晶」。

ガーネットは産地によって本当にそのまま宝石になるようなものを見つけることができるし、結晶がコロコロ丸くてかわいいのもインパクトがある。

多くの人は原石っていうと、六角柱などの縦長の印象があるみたい。だから、ガーネットのような多面体の結晶は意外性があるの。

水晶は定番よね。とりあえず知らない人はいないし、形もどこかで見てなんとなく憶えてる。ほとんどの人の原石の印象は水晶の形だと思うから、それがそのまま見つかったらきっとおどろくと思うよ。

産地についてどこを選ぶかは自由。日本全国たくさん産地はあるから、一番行きやすいところを選んでね。

いまではインターネットでいくらでも探すことができる。

もちろん、本書を参考にしていただけたなら、最高に幸せです。

目次

コラム

<初出>
第1旅〜第14旅 … BE-PAL(小学館) 2004年7月号〜2005年8月号
第15旅〜第18旅 … 書き下ろし

守れない人は読まないで！～宝石採集のマナー

本書にはとっておきの宝の場所ものっています。荒らされて立ち入り禁止になってしまう場所も多いのです。以下のことを守って、楽しい鉱物ライフをおくりましょう。

1 **自然破壊をしない**

＊木を倒さない

＊大きな岩を動かさない

2 **ほかの採集者のことを考える**

＊乱獲をしない

＊掘った穴は埋め戻す

3 **近隣の人に迷惑をかけない**

＊ゴミは持ち帰る

＊火の始末は完全に

4 **自分自身に責任を持つ**

＊危険な場所には近づかない

＊立入禁止区域には入らない

第1旅

はじめて見たガーネット採取現場で興奮！

茨城県真壁《まかべ》町（現桜川市）山《やま》の尾《お》その1

普通に出会って、普通に恋をして、普通に結婚したふたり。
ただひとつ違っていたのは奥様の趣味。

そのころの私たちは結婚2年目で、子供はまだなく独身のような、のんきな暮らしだった。

私の仕事は塾の先生。カミさんは専業主婦。

彼女は厳しい家庭に育ち、キッチリとしつけられたため炊事洗濯はお手のもの。新聞の折り込み広告は必ずチェックし、どこのスーパーが高いだの安いだの。それがもっぱら毎朝の会話。

そう、私たちはどこにでもいるまったくフツーの夫婦だった。

ところがそんなカミさんには、たったひとつ秘密の趣味があった。

それは、**鉱物を集める**こと。ダイヤモンドやルビーの指輪といった宝石を集めるだけならよくある話だが、カミさんはそれに飽きたらず「燐灰ウランなんとか」などというマニアックな鉱物をこっそりと買っていたのだ。

「**鉱物趣味の女なんて変**」と思われることが多かったらしく、なんと結婚するまで私はそのことをまったく知らなかった。

結婚したばかりのある日、突然カミさんが私の耳元で「石の話」をし始めたのだ。私はそんなカミさんを、「変わった女だな」と思いつつも、軽く聞き流した。

しかし、それはひと晩で終わらなかった。なんとその夜から毎晩カミさんは私の寝入りばなを狙っては「石の話」をし続けたのだった。

そして1年が過ぎたころ。ついにカミさんが計画の口火を切った。

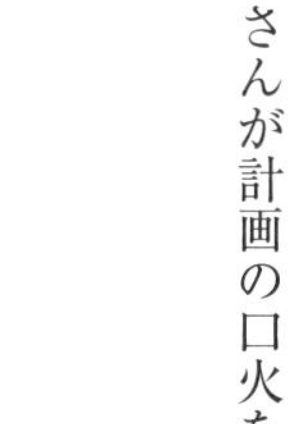

クズ石も**人**によっては**宝**もの

「ねえ、宝探しに行ってみたいんだけど……」

普通「宝探しに行きたい」なんていわれたら、「何わけのわかんないこといってんだ」と一笑に付して終わってしまうところだが、すでに洗脳が完了していた私には、**いつもの夫婦の会話**だった。

「でもさあ、宝っていったって、そんなのどこにあるかわかんないし、山の奥に入って何メートルも穴を掘るなんてヤだよ」

洗脳されているとはいえ本来ナマクラモノである私は、なるべく面倒くさいことをしないために、ここで話を打ち切ろうとした。しかしカミさんは、

「と思うでしょう。ところがね、そんなことをしなくてもあるところにはあるのよ」と、

食い下がってくる。

「あのね、廃鉱になった鉱山の周りには、採掘の際に廃棄された土砂を捨てた跡があるの。それを『ズリ』っていうんだけどね。ホラ、鉱山って採掘しているのは鉄鉱石だったり銅鉱石だったりするじゃない、するとそれに関係のない鉱物は全部捨てられちゃうのよ」

「ふーん。じゃあさ、そのとき宝石とかが出てきたらどうするの」

「そうなのよ、じつはそれも**捨てちゃうの。**だって、関係のない石なんだもん」

「じゃあ、そのズリへ行けば宝石が見つかる可能性があるってこと？」

「ピンポーン。よくわかったじゃない。私はそこへ行きたいっていっているの」

「でもさ、山の中なんだろ」

「何いってるの、元は鉱山よ。鉄鉱石とかを運んでいたんだから、道がないわけないでしょ。バーっと行って、**チョコチョコっと探すだけ**なんだから簡単なのよ。ね、いいでしょ、行こうよ」

しつこく力説するカミさんの話を、私はこれ以上拒否することができなかった。

命と同じくらい大切な愛車も宝探しに捧げます

「オイ、何だよこの道は」

私は林道の入り口で車を停めた。

「話とぜんぜん違うじゃないか。余裕で入っていけるって話はどうなったんだよ」

震える手でハンドルを握りしめながら、私は前方を凝視した。

確かに道はある。しかしこの道は……この道は、車の幅より狭いんじゃないのか!?

人の背丈よりも高い草が生い茂り、明らかに車の幅よりも狭くなっている。

ここは茨城県真壁《まかべ》町（現桜川市）山《やま》の尾《お》。

ザクロの実のように**赤いガーネットの産地**だ。

当時、千葉県松戸市に住んでいた私たちには、最も近いお手頃な場所だった。

ものすごい急坂ではあるが、タイヤがのっかるところだけは一応コンクリになっている。

しかし、そこもデカイ穴だらけ。その穴に落ちたらもう動けないかもしれない。でも、穴をよけたら横に流れている沢に転落してしまう可能性もある。

そんな道が遥か彼方で暗い森の中に消えていた。

そして、そしてだ。半分ドライブ気分の私たちが乗ってきた車は、私が**命と同じくらい大切**にしていたBMW525iなのだ。

いま、目の前にある道は、林道としてはごく普通の道なのかもしれないが、それはハイキングでの話。私たちはこの林道をBMW525iで進まなければならないのか。

昨晩カミさんは『地球の宝探し』（海越出版社）という本を見ながら、「へーき、へーき。地図にはP（パーキング）って描いてあるじゃん。駐車場があるくらいだから車なんて余裕で入っていけるって」と、私を説得したのだ。

ギロッと助手席のカミさんをにらむと「エヘヘヘヘ」だってさ。

まったく女ってヤツは、男が車に対して抱いている「憧れ」とか「愛情」とかをへとも思っちゃあいないようですな。

引き返そうか、イヤせっかく来たんだ。でももし車が転落したら……。よしんばこの穴だらけの道を無事に通過できたとして、道自体が間違っている可能性も大いにある。そしたらこの道をバックで戻るのか。

「いいじゃないか行けよ」「せっかく来たんだ」「あとたった５００メートルじゃないか」。もうひとりの自分が叫ぶ。「沢に落ちたら落ちたとき、そのときもう一度考えればいい」。

私の葛藤は頂点に達していた。ところが、横に乗っているカミさんはというと、ニコニコ笑いながら右手を突き出し「ゴーゴー」というばかり。ちょっとはこっちの気持ちも考えてくれよ。

じわっとアクセルを踏み込む。スピードメーターは動いているのか動いていないのかわからない速度だ。ハンドルをわずかに右に切る。どうやらタイヤの隅っこがギリギリ穴の外に引っかかったらしい。ひとつ目の穴はうまく越えることができた。「ほー、何とか行けた」と胸をなで下ろしたその瞬間、右側のドアの向こう側あたりから**「キイイイイイイーッ」**という音が聞こえてきた。

「な、なんの音かな……」

私はとりあえずカミさんに訊いてみた。しかしカミさんは「へーき、へーき、気にしないい気にしない」という。私の気をそらそうと考えているのだろう。そんなことでそれるわけないけど。

次の穴だ。これはさっきの穴ほどは深くない。よし、突っ切るぞ。

「ガボガッ、ゴゴゴゴゴ」。今度は車体の下の方から不可解な音が……。カミさんは「へーきへーき」を繰り返している。

ガコッ

「うひーっ」

「へーき、へーき」

キイ、キイイィィィ

「うわわわわわわ」

「へーき、へーき」

ガン、ギイイイイイイッ

「あ、あ、あ、あ、あ」

「だから、へーきだってばあ」

約10分ほどで地図どおりの場所に、車が数台駐車している姿が見えた。やった、あそこだ。この道で合っていたんだ。私はついにたどり着いたということよりも、この恐怖の道が終わったという喜びの方が大きかった。当然のことなのだが、帰りも同じ道を通らなければならないということは極力考えないことにした。

地図上のＰ（パーキング）という印は実際のところ「2〜3台なら車を停めるくらいの広さがありますよ」という程度のもので、とても「パーキング」の印をつけていいような場所ではなかった。しかもそこにはすでに車が3台駐車していたため、私は車をその隅の隅に車体の半分を藪に突っ込み、斜面に乗り上げる形で駐車するしかなかったが、あの道を通ってきた後では、これくらいのことは何てことはないと思えるくらいになっていた。

困ったときにとるべき、一番よい方法はこれしかない

車から降り、人ひとりだけが通れる幅の道を歩く。砂防ダムを越えると、突然、目の前が開け山の尾のズリが広がった。

「うわーっ、すっごーい。ズリってこんなふうになっているんだ」

後ろからついてきたカミさんが、**はじめて見るズリに感動**している。

ズリは砂防ダムから約20メートルの幅で、１００メートルほど上流まで続いているようだ。

一番はじめに目についたのは、20メートルほど先で穴を掘っている4人。だいたい１・

5メートルほどズリを掘り下げているらしく、土をかき出す姿は上半身が出たり入ったりするモグラ叩きのモグラにそっくりだ。

その先には、ズリの表面を見ながらゆっくりと上流に向かって歩いているふたり組がいる。ふたりとも大きなスコップを持っているから、上流で同じように穴を掘るのだろうか。

これらの光景を見ていて、ふと不安がよぎった。それは道具のこと。

いま私が手にしている道具は、１００円ショップで買った直径20センチのフルイが2個とシャベル１本。隣のカミさんを見ると、幼稚園児が持つようなピンクの透明なちっちゃーいバケツを持ってたたずんでいる。それだけ。はたしてこんな道具で本当にガーネットは見つかるのだろうか。

しかし、ここまで来てしまった私たちはもう引き返すことができない。**ガーネットをひと粒でも掘り出すしか道はない**のだ。

それにしても、どこから手をつけていいのだろう。しばらくウロチョロしていた私たちは、一番確実な方法をとることにした。それは、「すでに採集をしている人に、どこをどうしたらいいのかを訊くこと」だった。

はっはっはっは。イイじゃないっすか。実際にこの方法が最も効果的だということは、この後どの産地に行っても確実に証明されていくのです。

私たちはまず、一番手前で採集している顔中ヒゲだらけのおっちゃんに訊いてみることにした。

じつはこのおっちゃんの掘り方が一番激しい。大きな岩はウインチで動かし、掘り出した土は一輪車で水場まで運ぶ。ウインチや一輪車なんていったいどうやって持ち込んだんだ？

ズリは水平に掘り進められ、約20メートル先のところで3メートルほどの高さの壁になっている。

掘り出した土をフルイに入れ、水の中でジャブジャブと細かい土を落としている。カミさんは恐る恐るおっちゃんに近づいてみた。

おっちゃんの第一印象は「60年代のヒッピー」。かなりお気楽な格好だ。ジーンズの上下に長靴。面長の顔が日に焼けて黒いのか、土で汚れて黒いのか。もしかしたらおっちゃんはここに住んでいるのかもしれない。

「そうだねえ、どっちかっていうと山に向かって右側の方がたくさん出るよ。ところどころ石英《せきえい》で白っぽくなっている層があって、ガーネットはそこに入っているからね」。おや、おっちゃんは外見の割には声が甲高《かんだか》い。

なるほど、どこでもいいというわけではなく、ちゃんとポイントがあるわけだ。

きっとそのポイントを見つけることが最も重要であるに違いない。

気のはやる私たちが上流に向かおうとしたとき、背中越しに「あ、これ」と、おっちゃんが私たちを呼び止めた。

そしてポケットから取り出したものは、５ミリほどの赤黒い豆のような石。それを５個。

なんとそれがガーネットだった。このとき、私たちははじめて**ガーネットの原石**を見たのだ。

「本当にこんな形なんだ！」

手のひらにのせてくれた5つのガーネットの意味は？

カミさんが目を思いっきり開き、おっちゃんの手のひらをのぞき込んだ。

24面体の結晶は、写真で知ってはいたのだが、まさか本当にそのとおりだなんて。

「これあげるよ」

アルマンディンガーネット（和名／鉄ばん柘榴石）◆ここで採れるガーネットは、鉄とアルミニウムが主成分のアルマンディンガーネットです。２４面体のコロッとした結晶の形と深い赤は、カットなどせずそのままで楽しみたい。１月の誕生石。

ええっ何、あげるって何。はじめて会った人間にいきなりガーネットをあげるなんて、いったいその意味は何なのだ。「頑張ってこのガーネットよりもイイものを見つけなよ」という意味なのか。それとも「このガーネットをやるから、とっとと家に帰って寝ろ」という意味なのか。たぶん後者のような気がするが、おっちゃんはただ笑っているだけだ。

思わず顔を見合わせた私たちは、恐る恐る手を差し出しながら理由を訊いた。

「いやあ、こんな小さいガーネットいまさらいらないから」

「……………」

おっちゃんのフルイを見ると、その目の間隔は確実に１センチを超えていた。

つづく

第**2**旅

すいません、こんなの出しちゃって……

茨城県真壁《まかべ》町（現桜川市）山《やま》の尾《お》その2

宝石大好きのカミさんにそそのかされ、やって来たガーネット産地。そこには「宝石ハンター」たちの姿があった！

宝探し初挑戦の私たち夫婦は、ガーネットを手に入れるべく、茨城県真壁町《まかべ》（現桜川市）山《やま》の尾《お》にやってきた。

そこで知り合ったヒゲのおっちゃんに採集のコツなどを教えてもらったうえ、いきなり5ミリほどのガーネットをもらいビックリ。1センチ以上のフルイの目からもれたガーネットは、屑みたいなものらしい。大物狙いのおっちゃんに心を強くした私たちは、不安定な足場によろめきながら上流へと向かった。

水の枯れた沢のような上流では、大きな岩を避けるように数人の男の人が穴を掘っていた。

「こんにちは、調子はどうですか」

ほがらかに声をかけてみた。

「ああそう、はじめて来たの。がんばんなよ」

「ガーネットは運だから地道に探せば、**いつかはいいものが見つかるよ**」

ここにいる人たちはみんないい歳をした優しいオジサンばかり。一般的に「宝石イコール女性」というイメージがあるが、ここでは「**宝石イコールオジサン**」だ。優しく応対してくれるのは、カミさんが女性だからに違いない。

ズリにはあちこち大小の穴があいており、これまでに大勢の人が挑戦してきたことがうかがえる。まさに『兵《つわもの》どもが夢の跡』だ。

そのなかのひとつ、大人の身長ほどの深さの穴を掘っている人に話を聞いてみることにした。

ズリ場の好青年から思わぬ幸運の誘いが……

「こんにちは。ガーネット出てますか？」

カミさんの問いかけに、その人はスコップを持つ手を止め、私たちを見上げた。流れる汗をタオルで拭いたその顔は爽やか好青年だ。年齢27～28歳くらい、ここでは若い。グレーの作業服を着て、足元はトレッキングシューズで固めていた。

「いまやっと、いい「脈」を見つけたんだ。いよいよ本番ってところかな」

私たちはもっと詳しく話を聞くために穴の縁に座り込んだ。彼も穴から出てきて隣に腰掛けた。

「1センチ以上のガーネットが目標なんですよ」

穴の主、その人はヒロセ氏といい、この山の尾に通ってすでに2年になるという。ここ最近は毎週のように通っているそうだ。

彼がいうには、ここにいる全員が**1センチを超えるガーネットを採る**ことを目標にしているようだ。

ヒロセ氏がこれまでに採集したガーネットは、いまのところ最大で7ミリ。今回こそ1センチ超級を手に入れるべく、前日から泊まり込み2日がかりでこの穴を掘ったという。で、ようやく良い脈にぶつかり10分ほど前からガーネットが出始めたところだった。

しばらく話し込んでいると、なんとヒロセ氏が「一緒に掘りませんか」と誘ってくれた。いやあ、苦労して掘った穴に、到着したばかりの初心者が便乗させてもらっていいのだろうか。

当然、遠慮なんかする気のない私たちは、恐縮の体《てい》を見せつつも心のなかでは「ラッキー」と叫んでいた。

さっそく穴の中に入る。穴はすり鉢状で底はかなり狭い。その一部が石英で白くなっていた。

「ここだな」

私はヒゲのおっちゃんに教えてもらったとおり、石英の脈からバケツいっぱいに土を取り出した。

しかし、「いっぱい」とはいっても幼稚園バケツ。入る量なんてたかがしれている。でもそれで十分。何てったって私たちは今日はじめて宝探しをする初心者なのだし、彼の期待が満タンに詰まったこの穴から、たくさん掘り出すのも何だか申し訳ないしね。

穴から顔を出すと、5メートルほど離れた場所にある水たまりの横で、カミさんが「早く持ってこーい」と私をせかす。

運んだ土をバケツからシャベルでフルイに入れ、それを水に沈めてチャプチャプ揺すると細かい土が落ちていく。

「おおー、出た出た」

隣でフルイがけをしていたカミさんがそういったかと思うと、3ミリほどの小さいガーネットをつまみ出した。

「あ、またあった。あ、ここにもある」

さすがヒロセ氏、よい脈を見つけてくれていました。なんと1回目のフルイがけから1

〜4ミリのガーネットがポロポロと出てくるではないか。だいたいシャベル1杯でフルイがけ1回分の量なのだが、そのなかには必ず3〜4個、入っている。

ヒロセ氏はカミさんの見つけたガーネットを手に取り、「うんうん、なかなかいいのが出てるね」と、それを日光にかざしたりしている。「この調子で頑張って」と余裕だ。ヒロセ氏に褒められてカミさんも上機嫌になっている。

彼女がザクザクとバケツをほじくっているときヒロセ氏が叫んだ。

「**あ、アクアマリンが出た**」

すかさずカミさんが反応する。

「えっ、アクアマリンも出るの？　見せて見せて！」

カミさんが手にしたその結晶は、5ミリほどの六角柱で透明な淡い水色をしていた。

どうやら山の尾はガーネットと一緒にアクアマリンの産地でもあるらしい。ガーネットが採れるだけでも大喜びしていたカミさんは、そのうえアクアマリンも採れることがわかり、興奮して顔が真っ赤になってしまった。

ガーネットとアクアマリン。楽しさは一挙に倍増だ。フルイをふるう手にも力が入る。今日はきっと気持ちよく眠ることができるだろう。まだ始めて10分ほどしかたっていない

アクアマリン（和名／緑柱石）◆ベリリウムとアルミニウムからなる鉱物。微量の鉄により青くなる。緑になるとエメラルド、ピンクになるとモルガナイトと名前が変わります。海水の名をもつこの石は船旅のお守りとも。3月の誕生石。

けど。

フルイがけを**始**めて**30分**、それは**突然**やってきた！

フルイがけを始めてから30分。幼稚園バケツわずか2杯目。ふるった回数たかだか7〜8回。いきなりカミさんが叫んだ。

「あ――――っっっ！　出たっっっ‼」

私とヒロセ氏は反射的にカミさんの顔を見た。

カミさんは口をパクパクさせたままフルイをのぞき込み、それに右手を突っ込んだ。そしてその手がフルイの中から出てきたとき、その親指と人差し指につままれていたもの。それは確実に**1センチは超えようかという真っ赤なガーネット**だった。きれいな結晶面に包まれた24面体のガーネットは、なんとキズひとつない。これはまさしく大当たり以外の何物でもなかった。

「バンザーイ、バンザーイ」

カミさんと私は、思わず立ち上がってバンザイを叫んでいた。その声を聞いて周りのオジサンたちが集まりだし、ガケの下からはヒゲのおっちゃんまでもが「どうしたどうした」とあがってきた。

「ほー、いいガーネットだねえ。最近はこんなガーネットめったに見ないよ。しかもキズひとつないなんて、あんたたち運がいいねえ」

おっちゃんは嬉しいことをいってくれるじゃないか。オジサンたちも「そうだそうだ、すごいぞ、運がいいぞ」といってくれる。

よし、みんなで一緒にバンザイ三唱だ。きっとこのガーネットを見たなら誰だって幸せになって一緒に**バンザイ三唱**だ。

誰だって大喜びしてくれるガーネット。誰だって幸せになれるガーネット。この時点で私たちはようやく気がついた……。

約１名だけ幸せになれない人物がいたことを。ヒロセ氏だ。

ハッと気がついた私たちは、同時に彼を振り返った。

ザクザク、チャプチャプ……

ヒロセ氏はいまの出来事など何も聞こえないかのように、無言でフルイがけに集中していた。

恐る恐る顔をのぞき込む。その顔は予想通り、イヤ予想以上に歪んでいた。明らかに後悔している表情だ。そこには「こいつらにさえ、こいつらにさえ声をかけなければ」という言葉がありありと浮かんでいた。

ズリ場に陽が落ちる
ビギナーズラックの後味は……

幼稚園バケツ2杯目で出たということは、このガーネットは本当に穴の表面にあったということである。もし私たちがいなければこのガーネットは、確実に彼が掘り出していただろう。

カミさんが「こんなの出しちゃいました。すみません」と、声をかけてみた。いちおう申し訳なさそうにいってはいるが口元はゆるんだままだ。ずっとうつむいていたヒロセ氏が顔を上げた。そしてしばらくの沈黙の後ようやく口を開いた。

「……見せて」

カミさんがゆっくりとそのガーネットを差し出す。ヒロセ氏はそれを手のひらにのせ、凝視する。

そして30秒後。「はあ――――」というため息の後、ニコッと笑った。

「よかったね」

うおおおおお。私は感動したぞ。じつはヒロセ氏が「オレの穴から出たんだから、それはオレのものだ」というのではないかと少し心配していたのだ。

しかし、彼はそんなことをひと言もいわなかった。

結局この日、ここではこれ以上大きなガーネットは出なかった。アクアマリンはそれぞれ数本ずつ見つけることができたが、おどろきという点では１センチのガーネットにはかなわない。

太陽がだいぶ西に傾いてきたことを感じた私たちは山を下りることにした。ヒロセ氏もこれで引き上げるという。

来週再びここへ来て一からやり直すらしい。せっかく掘ったこの穴も１週後にはヒゲのおっちゃんのガケにのみ込まれて跡形もなくなっているだろうということだ。

ヒロセ氏と最後にもう一度採集品を見せ合った。ガーネットもアクアマリンも彼の方が美品を採集している。何でもかんでも持ち帰りたいと考えていた私たちと違い、彼は本当に良いものだけを選んでいた。

「また、どこかのズリで会いましょう」

彼の言葉に私たちは大きくうなずいた。

沈んでいく太陽がズリ全体を、そしてヒロセ氏の顔をガーネットのように赤く染めていた。

この日この出来事が、私たちの「旅」の始まりだった。

map

茨城県真壁町（現・桜川市）。県中部に位置し筑波山の北隣。一帯が花崗岩でできており真壁石の産地として有名。過去には多くの人が採集に訪れたが、現在は採集禁止。

第**3**旅

ヒスイと出会うには先輩と出会うべし

富山県宮崎海岸

はじめての採集でガーネットをゲットした夫婦。それに気を良くしたふたりは、夫の故郷でヒスイ探しにチャレンジ！

私の実家は富山県。富山県では朝日町の宮崎海岸というところでヒスイが採れる。このことは富山県民ならば大人から子供まで知っている。もちろん私も知っている。カミさんも、富山県でヒスイが採れることは知っていて、いつか行ってみたいと思っていたようだ。

ヒスイといえば勾玉《まがたま》だ。古代の人が装身具として使った、9の形をした玉だ。歴史図鑑などのイラストでは卑弥呼がネックレスとしてかけていたりする。「三種の神器」のひとつでもある。

「連休は帰省するってことで、いいよね」

その年のゴールデンウイークの予定はこのひと言で決まった。当時住んでいた千葉県から富山県までは400キロ以上離れているのだが……。

どうも前回1センチのガーネットを採ってからというもの、カミさんには**遠慮というものがなくなっている**らしい。

しかし、いくら生まれ故郷とはいえ私はヒスイなど一度も探したことがない。行けば見つかるというものなのだろうか。

「へーきへーき、大丈夫」

カミさんは相変わらずだ。

海岸の石はみんなヒスイに見える

宮崎海岸は通称「ヒスイ海岸」と呼ばれている。

ヒスイ原石は新潟県の姫《ひめ》川や青海《おうみ》川上流から流れ出し海流にのって流れつく。

午前9時、宮崎海岸の入り口である越中宮崎駅に私たちは来た。ここは北陸本線の富山県最東端駅だ。

駅前には数軒の民宿があり、1階が食堂兼土産物屋。営業中ではあるらしいのだが人の気配がない。道の真ん中では猫が寝ている。

「早く早く」

カミさんにせかされて、民宿の裏の防波堤に立った。

「それにしても広いねー」

そう、この海岸はとにかく広い。西は遠くの方に漁港が見えるが、東は5キロか10キロか、とにかく延々と続いている。

ヒスイ（和名／翡翠輝石）◆緑色のものしかないと思われがちだが実際は白、黒、青、紫などいろいろな色がある。結晶は小さく通常、塊状で産出する。良質のものほど堅牢で割れにくい。宝石質のヒスイが採れる所は日本やミャンマーなど数少ない。

海岸にはすでに5～6人の人影があった。みんな下を向いて歩いたり、波打ち際にしゃがみ込んだりしている。なかにはタモのようなものを海に突っ込んでいる人もいる。

防波堤の階段を下り、海岸に足を踏み入れる。今回は海ということでいちおう長グツを履いてきたが、ほかに特別なものは持ってきていない。強いてあげるなら、見つけたヒスイを入れるためのビニール袋くらいだ。

とりあえず足元の石を拾ってみる。すべすべしていてまあるい。ここで私はカミさんに素朴な質問をした。

「ねえ、ヒスイってどんな石？」

当然この程度のことは誰でも訊きますわな。ところがカミさんから返ってきた答えは意外や意外、たったひと言、

「……さあ」

……？　さあ？　さあ？　さあ？

「さあ」ってナニそれ。

おいおい、ヒスイを見つけるってあれだけ張り切っていたくせに、肝心の特徴がわからないなんて。まさか、海岸の石すべてがヒスイだと思っていたんじゃないだろうな。

あきれかえっている私の顔を見て、カミさんがポツリポツリとしゃべり始めた。

「ヒスイはヒスイ輝石《きせき》っていうくらいだから、**キラキラ輝いていると思うんだけど……**」

ふーん。

私たちは波打ち際に手をつき、コンタクトレンズを落としたときのように海岸に顔を近づけた。

「この石はどお？」「わかんない」

「これは？」「わかんない」

「これは？」「……」

いくら目を皿のようにしてみても、石は太陽の反射でギラギラ輝いているだけだった。

マズイ。やはりここはあの奥の手を使うしかない。

ガーネット探しのとき、途方に暮れていた私たちが１センチ超級を手にするきっかけとなった方法。人がいる限り効果絶大のあの方法だ。

えっ、**ヒスイって緑じゃないの？**

「こんにちは、はじめて来たんですけど、ヒスイの見つけ方を教えてもらえないでしょうか」

私たちは波打ち際を歩いている人を見つけ駆け寄った。

「見つけ方？　いいよ」

突然声をかけられたその人はちょっと面食らったようだったが、私たちの話を快く聞いてくれた。

「あっそお、はじめてじゃねえ」

30代中頃に見えるその人はすぐ近くに住んでいるそうで、毎日ここに来ているらしい。それにしてもさすが「ご近所サン」だ。ジャージ姿は寝起きの散歩という感じがしないでもない。

「最初にいっておくけど、**緑の石はヒスイじゃない**からね」

えっ?!　ヒスイといえば指輪だろうが仏像だろうが、普通は緑じゃないか。

「純粋なヒスイは白なんだよ。緑や紫もあることはあるけど、**はじめての人は白を探すべき**だな。それから、角張っている石を探すことと手触りだね」

その人はズボンのポケットに手を突っ込み、何かを取り出した。そして「これ、いままでに採ったヒスイ」と手を開いた。瞬間、カミさんの目が２倍に広がった。

「ハア〜、これがヒスイかあ」

白くて……透き通っていて……何とも神々しい。そうなのだ、石のことをほとんど知らない私ですら、**こんな美しい石は見たことがない**と思ったほどなのだ。

さらに驚いたことに、その人はそのヒスイを私たちの手のひらにポンとのせた。

「手を出して」

「いいんですか」

私はありがたくそのヒスイをポケットにしまおうとした。

「コラ、何やってんの返してよ」

えっ、くれるんじゃないの？

私はてっきり「今日の記念に持っていきな」だとばかり思っていたのだが、どうやらただ単に「触ってみろ」ということだけのことだったようだ。

それにしても違う。**手触りがまったく違う**。ツルッツルもツルッツル、まるで磨いてあるようだ。形についても、ヒスイはほかの鉱物に比べて相当堅いらしく、いくら波にもまれても角が取れる程度で丸くはならないらしい。

海岸の石はどれもこれもみんな丸い。そのままで碁石に使えそうなものが多い。それでも、よく見ると100個に1個くらいはお世辞にも丸いとはいえない石が混じっている。その石を手に取ってみると「違う、明らかに手触りが違う」。スベスベしてはいるが、さっきのヒスイに比べたらザラザラだ。博多人形と埴輪ほどの違いに感じる。

この石はヒスイではない。

「そうか、ヒスイはこうやって探すのか」。

納得している私たちに安心したのか、その人は「じゃ、がんばって」といいつつ波打ち際に沿って歩いていった。

……遠い……長い。この海岸は果てしない。足元は不安定。その状況で波から逃げながら探す。

ゆっくりゆっくり歩いて、それっぽい石があれば、手に取って「うーん」。明らかに違う石はその場でポイ。微妙な石は持ち帰る。ヒスイ探しはそれの繰り返し。

「わーキレー、見てー」とカミさんが叫びながら石を1個持ってきた。白い半透明の綺麗な石だ。でも真ん丸。カミさんはいつの間にか色に気を取られて、形のことをすっかり忘れているらしい。

しばらくしたところで、カミさんが神妙な顔つきで「ねえ、この石見て」とって親指くらいの白い石を差し出した。

角張っている。そして手触りはツルッツルだ。

「あっ！　これ」

私は思わず声を出してしまった。カミさんは裏側も見てみろという。

「おお、紫色だ」

「紫色なのは**ラベンダーヒスイ**しかないと思うんだけど……」

ラベンダーヒスイしかないのかどうなのかは知らないが、この形といい手触りといいまさしく教えてもらったとおり。これは「当たり」かもしれない。だが確実な保証はない。

「しっかり鑑定をしてもらうまでうかつに判断できない」といおうとしてカミさんを見ると、すでに**両手をあげて踊っていた。**

博物館で鑑定してもらう

フォッサマグナミュージアム。新潟県糸魚川《いといがわ》市の山に建つこの施設は鉱物の博物館だ。

翌日、私たちは採集したヒスイを鑑定してもらうため、ここにやってきた。家族連れでにぎわうロビーの向こうに受付がある。

「ヒスイの鑑定でございますね。学芸員を呼びますので、少々お待ちくださいませ」

受付のお姉さんが内線電話をかけると、廊下の奥からバタバタと走ってくる足音が聞こえた。

「どうぞー、見せてくださーい」

やってきた学芸員の先生は40歳前後。学者然としたエラソーな感じではなく、ニコニコ笑顔の気さくな人だった。

＊フォッサマグナミュージアム
新潟県糸魚川市美山公園
☎025-553-1880

自信たっぷりに渡した20個の石

カミさんはヒスイの入ったビニール袋を自信たっぷりに手渡した。合計20個の選りすぐりの石だ。先生はゴロゴロとカウンターに石を広げ指先で２〜３個転がした。

さあ、わずか１回アドバイスを受けただけの私たちに、いったいどれくらい鑑定眼が備わったのか。

「ちがう、ちがう、ちがう、(中略) ちがう、ちがう、ちがう……」

え？　あれ!?　あれ!?　カミさんは**目眩を起こしてしまった。**

「まあまあ、はじめてなんだからしょうがないって」などと慰めてはみたものの、遠くに行ってしまった彼女の意識はちょっとやそっとじゃ帰って来そうにない。

そのとき「あ、これヒスイ。これもだ。おやラベンダーヒスイもあるじゃない。なかなかイイの見つけてるね。全部で３個だよ」

「キャ――――ッ!!」

一瞬、ロビー全体が静寂に包まれた。一気に意識が戻ってきたカミさんが絶叫したのだ。

ロビーにいる全員の目がカミさんに集中する。しかし、他人の目など気にならない。とうとうヒスイを手に入れたのだ。カミさんにとってこれほど嬉しいことはないだろう。

しかし、わずか1回コツを教えてもらっただけなのに、私たちはなんてラッキーなんだ。山の尾といい今回といい、シロートは人と出会ってナンボなのだ。私たちは非常にありがたいその道の先輩に出会った。

それにしても、あの人は何でヒスイを持っていたのだろうか。

map

富山県朝日町。
ヒスイ以外の漂着物を探すのも楽しい。季節によってはカイダコの殻も打ち上げられている。名物のタラ汁も食べてみて！

第4旅

突然、地元のお母さんに怒られる

山梨県塩山《えんざん》市（現甲州市）の「水晶山」

ついに憧れの「水晶」採りに挑戦！最近はインターネットで簡単に採集地まではたどり着けるけど……。

自分の足の太さくらいの水晶を見つけた夢を見ました。
くみ子

ゴールデンウイークに富山県に帰省していた私たちは、別名「ヒスイ海岸」と呼ばれている宮崎海岸で、はじめてヒスイを手に入れることができた。その連休も残り2日。締めくくりとして私たちは山梨県塩山市《えんざんし》（現甲州市）にある通称「水晶山」に行ってみることにした。

山梨県は古くから水晶の産地で、いまでも水晶の採れる山が何カ所もある。

カミさんにいわせると、**「水晶といえば山梨、山梨といえば水晶」**なのだそうだ。

それにしても最近はインターネットで欲しい情報が簡単に手に入る。「水晶山・採集」をキーワードに検索してみるとヒット数は１００件を超え、使う情報を選ぶ方が大変なくらいだ。あるホームページの書き込みには「行けば必ず採集できる。いいものを見つけられるかどうかだけが問題だ」と心強いことまで書かれていた。

＊

というわけで、私たちは中央高速を勝沼インターで降り、国道４１１号を奥多摩湖方面に進む。水晶山のある地区まで来るとあたり一面はブドウ畑。ダウンロードした地図によれば「小さなお寺の敷地に車を停め、そこから歩いて水晶山に入る」となっている。

水晶（クォーツ）◆二酸化珪素。岩石や地層の勉強をすると必ず出てくる石英。その結晶を水晶と呼んでいます。

地図を片手に農道を進む。じつはさっきから何度も同じ道を行ったり来たりしていたのだが、お寺が見つからないのだ。あるはずの場所は隅に石碑が建っているだけのただの空き地。さらにその入り口には柵がしてある。これまで完璧だった地図が、ここだけ間違えているとは考えにくい。やはりここがお寺なのだろうか。

私たちは車から降り、どうしようかと悩んでしまった。

「まだシーズン前だからオープンしていないのかな」

「そんなことないと思うよ」

「もしかして、入るとき自分で開けて、出るとき閉めて出るってことなのかな」

「違うみたい。だってビクともしないんだもん」

どうやらこの柵は、明らかに車を入れないようにするためのもののようだ。

近くの民家で洗濯していた50歳くらいのお母さんに声をかけた。

「こんにちは、水晶山に来たんですけど、車を停められる場所があったら教えていただけませんか」

しかし、**「水晶山」と聞いた瞬間、**お母さんの顔が強く歪んだ。そしてまるで不意打ちのように、私たちを突き刺す言葉が彼女の口からこぼれた。

「あのね、あなたたちみたいな人には来てほしくないんだけど」

「え?! あ、え……?」

私たちは一瞬、何をいわれているのかわからなかった。

「お寺、閉まってたでしょう。あれ、和尚さんが怒って閉めたんだからね」

「し、閉めた? しかも怒って? いったいどういうことですか?」

お母さんによると、これまで水晶採集に来た多くの人たちが、このお寺に車を停めて水晶山に入山していたらしい。なかにはテントを張り数日かけて採集する人もいたそうだ。

「どうもこうもないわよ。和尚さんだって、はじめは喜んであの場所を提供していたのよ。それなのに夜遅くまで酒飲んで騒ぐし、ゴミはほったらかしにしていくし、煮炊きした後の火はちゃんと消していかないし、ボヤ騒ぎにまでなったんだからね」

「ほ、本当ですか。すみません……」

私は思わず謝っていた。

「それでもね、最初は立看板立てたり、直接声かけたりして注意してたのよ。でも、ぜーんぜんいう事聞かないの、まるで無視なんだから。あれじゃあ、和尚さんが怒るのも当然よ当然。私だって何度掃除したかわかりゃしない。迷惑もいいところよ」

お母さんの顔は怒りで真っ赤になっていた。

「すみません……」

私は謝る以外の方法を思いつかなかった。

「あなたたちにばっかりいってもしょうがないんだけどね」

お母さんはひとつ大きなため息をつくと、穏やかにこういった。

「この先で道が少し広くなっているから、そこに車を停めていきなさい」

私たちは一礼して車に戻った。

教えてもらった場所は農耕車のすれ違に使われているようなところ。私はその端に極力通行の邪魔にならないように車を停めた。

長グツに履き替え、シャベル・バケツ・フルイを取り出す。いよいよ水晶山に挑戦だ。ところが、さっきの話のために、かなり気が重くなっている。私たちの水晶山初挑戦は、のっけからズーンと沈んだ気持ちでの開始となった。

まるでこの**山全体**が**水晶**でできているみたい

ブドウ畑の中のゆるい坂道が水晶山への道。舗装されていない道が鬱蒼とした山の中に続いている。

インターネットの書き込みによれば、「しばらく行くとすぐに壊れかけた小さな祠《ほこら》があり、その道を頂上まで登ったところが水晶のズリ」となっていた。

道は急に細くなった。これでも道なのか、かなり疑問だ。雨が降ると川になるに違いない。それでも、しばらく歩くと道は徐々に道らしくなり、地面は木陰からこぼれる陽の光でキラキラと輝き始めた。

「水晶だ！」カミさんが地面にへばりついた。

「ほらこれ！　ほら、ここにもここにも、全部水晶だよ」

「水晶？　ガラスじゃないの？」

私の知っている水晶は、先のとがった六角柱なのだが、このあたりのそれはみんな割れていてガラスの破片に見えなくもない。

「これは間違いなく水晶だよ。だって、『結晶面』があるもん」

カミさんがいう結晶面とは、宝石の結晶がそれぞれ持っている面のことだそうだ。その特徴を憶えておくと、面が一部でも残ってさえいれば、石の種類が一目でわかるらしい。前回ヒスイ探しに手間取った原因は、ヒスイにはこの結晶面がなかったからだ。

なるほど、確かに元六角柱だったと思える面がどれにも残っている。これは水晶に間違いない。

＊

あらためて地面を見ると、道にめり込んでいる水晶や植物の根に絡まっている水晶など、水晶だらけだ。山肌を少し掘ってみても同じような**水晶がポロポロとこぼれてくる。**

とすると、すごいじゃないか水晶山！　まるで山全体が水晶でできているようなものだ。何だか私の方が興奮してきてしまった。

「ねえ、早く先に行こうよ。時間がもったいないって」

カミさんをせかす。彼女は握っていた水晶をパラパラと地面に落とし顔を上げたが、なにやらあたりをキョロキョロし始めた。

「ねえ、祠ってまだなの？」

そうだった。祠って「しばらく行くとすぐ」にあるんだった。

「道、間違えてない？」

「大丈夫！　きっと近くに祠はあるよ。早く行こう」

私たちは先を急いだ。

倒れている木をまたぎ、蜘蛛の巣をはらう。大きく曲がる道を過ぎると、木の陰から「小さな祠」が現れた。道の横にちょこっと置いてあって、すでに少し朽ち果てているようにも見える。

「ほらね、あったよ祠、ね」

目の前で見るその祠は思ったより小さかった。ちょうど人間がひとかかえできるくらいの大きさ。正面は朽ちて穴があいており、中はずいぶん汚れてるようだ。

「あーあ、これじゃ神様がかわいそうだよ。ちゃんとキレイにしてあげなきゃダメだよね」

私はとりあえず、傾いていまにも倒れそうなこの祠を真っ直ぐにし、ひざまずいて手を合わせた。

「大きくてキレイな水晶を採集させてください」

ところが、そんな私の頭上でカミさんが恐ろしいことをつぶやいた。
「これ鳥の巣箱なんじゃないの」

パンドラの箱を開けてはいけない

道を進むに従って、水晶の量はどんどん増えていく。にもかかわらず、私にはひとつだけ気になる事実があった。それは頂上まで行くはずの道が途中で消えてしまい、ただの斜面になってしまったことだ。

ここではじめて私は一抹の不安を感じた。

「水晶はどこを掘っても出るが、美晶が最も出るのは頂上を過ぎた山の向こう側」

確かインターネットにはそう書かれていた。ということは少なくとも頂上までは道が続いているはず。しかしすでに道はない。さらに斜面は急になる一方で頂上の気配もまるでない。

見下ろすと、遅れていたカミさんがヒーヒーいいながら斜面を登ってきた。

「やっぱり間違えたんでしょう」

「……そうかもしれない」

「ほらね。もう、こんなところまで来ちゃって、どうすんのよ」

「だってはじめてなんだもん仕方ないじゃん」

「もういいよ、ここで採集しよう」

そうなのだ、私たちは別にトンチンカンなところに来てしまったわけではない。周りを見ると地面は水晶だらけだった。これならばフルイどころかシャベルもいらない。ここで採集しても別に問題はない、と思う。

「これ見て、すっごーい」

割れてはいるが、カミさんが拳以上の大きさの水晶を見つけた。

「あ、これ割れてない。これも」

小指ほどだが、これは美品だ。

なるほど、大きな破片に目を奪われ目立たないが、美品も結構落ちている。

それを手のひらにのせてみる。とても透明で美しいのだが、どうも思っていた水晶とは違う。何やら細長い針のようなものがたくさん入っているのだ。私はカミさんに訊いた。

「これはねえ、**トルマリン**だよ。和名は『電気石』っていうの」

彼女がいうには、鉱物の中に別の鉱物が入ることは、たいして珍しいことではないのだそうだ。ここでは水晶が成長する段階で、同じ成長段階にあったトルマリンを包み込んでいったらしい。

「**鉱物の中には仲のいい鉱物とそうでない鉱物があるの**。たとえば、水晶とトルマリンは仲がいいの。水晶とガーネットも仲がいいの。でもガーネットとトルマリンは仲が悪いの。だから、ひとつの産地でガーネットとトルマリンが同時に出ることはないの」

「なんで？」

私は思わず「なんで」といってしまった。それは**パンドラの箱を開ける呪文**だったのだ。

「それはね、できる場所に違いがあるの。トルマリンは深成岩でペグマタイトにできるの。でもガーネットは接触変成をしたスカルンにできるの（……後略）」

彼女は鉱物のことをしゃべり始めると止まらなくなるのだ。

あらためて水晶を探し始める。私とカミさんは横に広がり、斜面を下りながらそれぞれ水晶を探し始めた。採集の定石は「下から上へ」なのだが、私たちはこれ以上斜面を登りたくなかったのだ。

水晶山に入って1時間くらいが過ぎたころ、カミさんが突然「もう帰ろう」といい出した。

「車を路駐してきたでしょ。何か近所の人に迷惑をかけているような気がして……」

じつは私もそのことがずっと気になっていた。

水晶は十分に採集した。指先くらいの大きさの美品や、割れてはいるが両手で持つくらいの大きなものもある。今回はこれでいいじゃないか。

「頂上まで行けてないから、次は絶対に行こうね」

しかし、このときすでに一部の身勝手な採集家により、水晶山はかなり荒らされていたらしい。さらに近隣への多大な迷惑が加わり、その後完全に**立入禁止**となってしまった。

私たちはこうなった事実を自らの戒めとして受け止めなければならない。この出来事は水晶に入ったトルマリンのように私たちの心に突き刺さっている。

採集道具リスト① byくみ子(イラストも)

シャベル
庭いじり用のものでOK。

金バケツ
ズリなどからフルイがけ場まで
土砂を運ぶ。
プラバケツはすぐに割れてしまうので
丈夫なものを。

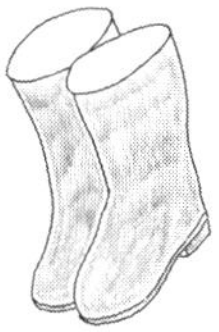

長ぐつ
水の中やぬかるみに長時間いる
フルイがけでは必需品。

トレッキングシューズ
長時間の山歩き用。
長ぐつよりはるかに歩きやすく
疲れない。

map

山梨県塩山市(現・甲州市)。秋になると辺り一面に芳しいブドウの香りが。現在は立入禁止になっている。

からの情報はあった方がいいと思う。私がいっても説得力ないかな。

5　出会った人と必ず仲よくなること

これが最も大切なこと！　断言します。

石のお話もたくさんできるし、その産地に詳しい人なら探し方も教えてもらえる。秘密の産地情報をこっそり教えてもらったりすることも。しかし、それより何より、そのときの採集がとっても楽しくなる。家に帰ってからも連絡を取り合って、また一緒に採集に行ったりもする。石仲間の輪が広がるのって、すごく嬉しい。

6　他人に頼る

あまり威張れたことではないけど、それでもいいと思う。探し方がわからなければ足元にあっても気づかないことが多い。ここは素直に教えを乞うべき。そしていつか上手になったとき、自分がしてもらったのと同じようにはじめての人に親切にしてあげよう。

7　あきらめも肝心

急に土砂降りになったときなど、その後に地滑りや崖崩れが起こるかもしれない。少しでも危険を感じたら、勇気を持って撤収しよう。その他、本書のお話を参考にしてね。

8　ひとりでは絶対に行かない

不測の事態が起こったとき大変だから。

冬に遭難したら春まで見つからない可能性も……。怖い話だけど、あり得ないことではない。最低でも２人でいれば、自分が気づかない危険にも、もうひとりが気づくかもしれない。

鉱物採集に入山届はありません。自分の存在を知っている人を作っておきましょう。

鉱物採集を100倍楽しむ方法 byくみ子

1 自然をもっと楽しもう

空気の音を聞こう。森の音、水の音、鳥の声。足元でカジカガエルの声が聞こえたときには感激したな。家に帰ってその鉱物を眺めたとき、きっとそのときの風景が鮮やかによみがえってくるよ。

2 ボーッとする時間を持とう

休憩はこまめにとろう。初心者は疲れやすい。とくに海岸での採集は気がつくと日射病でふらふらになっていることもしばしば。山ならばいつの間にか足がガクガクになっている。

帰りのことも考えて、心にも体にも余裕を持たなきゃね。

3 終わる時間を決めておこう

終了する時間をあらかじめ決めておくことも重要。終わり間際にザクザク出だすと、舞い上がっちゃっていつまでも終われなくなってしまう。冷静になるためにも、また区切りをつけるためにも終わる時間を決めておこう。

もちろん、見込みがないようならばサッサと終わらせよう。だって二度と行きたくなくなるし、本当に成果がなければ疲れは2倍！

4 下調べは重要

わかってはいるんだけれど、ついつい何も考えずに出かけてしまう。

空振りのたびに反省。学習能力がない私っておバカ。

インターネットでも産地情報はたくさん検索できる。最低でも2か所

9 命は大切に

鉱物採集で大きなケガをしたという話はあまり聞かない。でも、それはひとり一人がこれまで細心の注意を払っていたからだと思う。

当たり前のことですけれど、自然の中にいるということは安全が保証されている場所などひとつもないということ。そのことを絶対に忘れないで！

10 大発見があるかも

目的の鉱物以外でも、もし「おや？」っと思うようなものや「わからない」ものがあったら必ず専門機関で見てもらおう。もしかしたら新鉱物かも。採集家によって発見された鉱物は多い。自然科学の発展に一役かえるのは究極の幸せです。

おまけ

服の色には注意しよう。黒や濃い色だといつの間にか虫にたかられている。とくに女性はお化粧にも気をつけて。虫はファンデーションや香水の香りが大好き。虫が自分を追いかけてくる状況なんて、……考えたくもないわー。

リュックの中身は？
～採集のための小道具 byくみ子（イラストも）

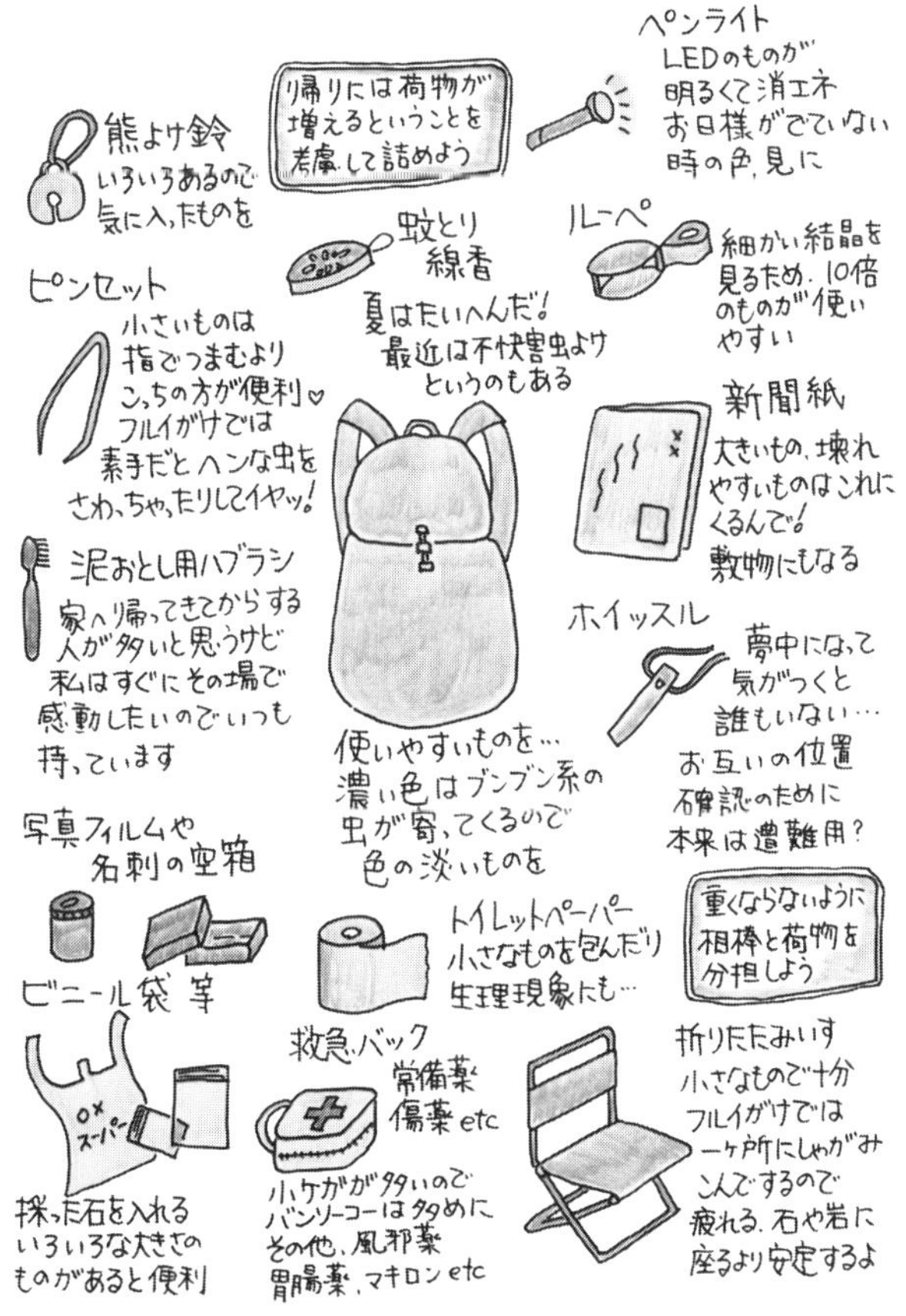

ペンライト
LEDのものが
明るくて消エネ
お日様がでていない
時の色，見に
帰りには荷物が
増えるということを
考慮して詰めよう
熊よけ鈴
いろいろあるので
気に入ったものを
蚊とり
線香
夏はたいへんだ！
最近は不快害虫よけ
というのもある
ルーペ
細かい結晶を
見るため．10倍
のものが使い
やすい
ピンセット
小さいものは
指でつまむより
こっちの方が便利♡
フルイがけでは
素手だとヘンな虫を
さわっちゃったりしてイヤッ！
新聞紙
大きいもの，壊れ
やすいものはこれに
くるんで！
敷物にもなる
泥おとし用ハブラシ
家へ帰ってきてからする
人が多いと思うけど
私はすぐにその場で
感動したいのでいつも
持っています
ホイッスル
夢中になって
気がつくと
誰もいない…
お互いの位置
確認のために
本来は遭難用？
使いやすいものを…
濃い色はブンブン系の
虫が寄ってくるので
色の淡いものを
写真フィルムや
名刺の空箱
ビニール袋 等
トイレットペーパー
小さなものを包んだり
生理現象にも…
重くならないように
相棒と荷物を
分担しよう
○×
スーパー
採った石を入れる
いろいろな大きさの
ものがあると便利
救急バック
常備薬
傷薬 etc
小ケガが多いので
バンソーコーは多めに
その他，風邪薬
胃腸薬，マキロン etc
折りたたみいす
小さなもので十分
フルイがけでは
一ヶ所にしゃがみ
こんでするので
疲れる．石や岩に
座るより安定するよ

第5旅

宝の地図をあてにしてはいけない

岐阜県中津川市

ついに宝の地図が手に入った！　喜び勇んでやって来たけど、
ちょっと待って！　これだけを頼りにしていいの？

「宝の地図」それは男の夢である。

「宝の地図」を手に金銀財宝ザックザク。こんな光景を誰もが一度は想像したことがあるだろう。

それを手にしたがために人生を狂わされてしまった人もいるようだが、「宝の地図」にはいくら人生を狂わされても、それに気づかないという魔力があるのだ。

「トパーズ、採りに行ったことってある？」

いきなりこんなことを訊いてきたのは、以前、茨城県の「山の尾」というガーネット産地で出会った「ヒゲのおっちゃん」だ。はじめて宝探しをしに来た私たちは、彼にいろいろアドバイスをもらい、そのおかげもあって見事ガーネットをゲット！　それで宝探しにはまってしまった私たちは何度も「山の尾」に通い、おっちゃんと親しくなっていたのだ。

その彼が今度はトパーズの産地を教えてくれるという。

「エーッ、金銀財宝じゃないの？」などといってはいけない。もし、そんな地図を手に入れたなら、本当に人生が狂ってしまうではないか。

「教えて教えて、地図描いて」

トパーズと聞いてカミさんの目の色が変わった。


トパーズ（和名／黄玉）◆ダイヤモンド、サファイアに次ぐ硬さを誇る宝石だが、衝撃には弱く結晶の伸長方向に垂直に割れやすい。採集中、シャベルの先がコンと当たっただけでも割れてしまうことがあるので注意が必要。11月の誕生石。

それにしても彼女は友だちを作ることがうまい。普段からもそうなのだが、誰かの顔を見ると必ず声をかける。これこそが**宝探しに最も必要なこと**なのだ。

「ここをこう行ってね、真っ直ぐ行くと……、ここだからね」

カミさんはフムフムと聞いているが、なんとそこは岐阜県ではないか。茨城県で岐阜県の地図を描くというのも妙な感じだが、それをまるで近所にでも行くかのように気楽に聞いている彼女は、距離というものをわかっているのだろうか。

これほど明確に描かれている道路なんだけど……

岐阜県中津川市一帯の地盤は、マグマの中のガスや液体が固まった**ペグマタイト**でできている。トパーズのほかアクアマリン・水晶・アレキサンドライトなどがよく見つかるという。

お盆休み。中津川市鉱物博物館に向かって車を走らせる。このあたりはどこを掘ってもトパーズが見つかるらしいが、だからといってどこでも勝手に掘っていいわけがない。というよりも、どこも田んぼや道路で掘れるような場所など見つからない。そこでヒゲのお

＊中津川市鉱物博物館
岐阜県中津川市苗木639-15
☎0573-67-2110

っちゃんの「宝の地図」だ。地図には、博物館を起点にポイントが2カ所記してある。ひとつは「博物館前の道を、そのまましばらく山の中に入ったところ」。林道のひとつ目の十字路が目印で、その角にチェックがある。もうひとつは「博物館からほど近い川の中」。目印は橋。しかし、ちょっと複雑な道のり。迷ってしまう可能性がある。私たちは山の中で存分に採集し、時間があれば川を探してみる計画を立てた。

ところが、博物館にたどり着いた時点で、私たちの計画は早くも崩れ去ってしまった。

「……道、ないね」

地図上ではポイントまで一本道であるはずの道が、博物館の前で終わっていたのだ。

この林から脱出することはできるのか？

お盆休みのためか博物館にお客さんの姿はない。私たちは受付のお姉さんに地図を見せた。

「さあ、地元じゃないんでちょっと……」

お姉さんはほかの人にも訊いてみてくれたが、答えは同じだった。

「川にしようよ」

カミさんはさっそく行き先を変更しているが、確かにない道は進めない。山のポイントははじめからなかったことにした方がよさそうだ。

私たちは「宝の地図」と「道路地図」を開いた。道路地図は10万分の1の広域地図。博物館周辺はアバウトにしか描かれていない。「宝の地図」に依存していた私たちは完全に

目標を見失っていた。

それにしても、この期に及んで道路地図を見ている自分たちってちょっとすごいぞ。川のポイントは博物館に向かって左後ろの方。その方向には散歩コースのような林が広がっている。道路地図には「夜明けの森」と書かれていた。

とりあえず地図通りに進んでみる。高峰湖の横を通りT字を右にY字を右に……。カーブを過ぎると、そこは農家の庭先だった。

「……やっぱり」

やり直し。今度はT字を左へと進む。すると1本の広い道路に出た。この道は、……博物館前の道。

もう一回。高峰山荘という旅館の前を通ると道路はいきなり急坂になり、どんどん山の

中に入っていく。しばらく進むと眼下に中津川市街が見えてきた。

「絶対違う」

私たちは近くにあった十字路でUターンした。

「もう帰りたいよう」

この林の中を何周したのだろう。カミさんが弱音を吐き出した。

「あと、1回だけ」

私たちは最後に川の方向を「博物館に向かって左後ろの方」とだけ決め、太陽で方角を確認しながら進んでみることにした。

農家の庭先に続くY字を左に、その先のT字を右に進む。小高い丘を越えるといつの間にか左側に川が流れていた。

急いで車をUターンさせる。橋は「小高い丘」を越えたそこにあった。ここまで来れば間違いない。ていうか、**間違っていないことにする。**

私たちは車を停め、スコップ・バケツ・フルイを取り出した。

橋の上に立ち、川をのぞき込む。斜面はジャングルのように木が生い茂り絡み合っているため水面はほとんど見えない。わずかに見える光の反射から推測すると、川幅は1メー

トルもなく流れもゆるいようだ。

「どうやって下りるんだろう」

私たちはしばらく橋の近くを行ったり来たりしていた。するとカミさんが道らしきモノを発見した。雑草が踏み分けられていて何かが通った気配がある。もしかしたらただの獣道かもしれない。

急な斜面に足を取られないよう体を横にして1歩2歩とゆっくり下りていく。目の前の大きな枝をくぐり抜けると急に視界が開けた。橋の上からはまったく見えなかったが、水量が少ないため干上がった河床が小さな空き地のように顔を出していた。川はその端を流れており、しかもそこには先客がひとりいた。

やった！

まだまだ、もっと大きいのが出るよ！

すでに太陽は西に傾き始めていた。陽の強さを考えたらあと1時間半くらいしか採集時間はないだろう。私たちはとにかく先客に話を聞くことにした。

「こんにちは。出てますか？」

「はい、こんにちは」

その人は愛知から来たという50歳くらいのオジサン。月に2回はここに来ているそうで、ずいぶん手慣れた手つきでツルハシを振っている。道具は片手で持てるその小型のツルハシのみ。

オジサンの指さしたところは川面のすぐ上。茶色い斜面の一部が白い砂利の層になっていた。

「いまちょうど**ガマの跡**を見つけたところ。これさえ見つけりゃあザクザクよ、見てな」

ガマとは、ペグマタイトが冷えるときにできる空洞のこと。晶洞ともいい、宝石の結晶はこの中で育つが、地殻変動などでつぶれてしまっていることが多い。

ツルハシでその層をつつく。バラバラと落ちる砂と砂利。それらが川の流れに洗われていく。

キラッ！

川の中で何かが光った。

「ホラあった」

オジサンが拾い上げたそれは、小指ほどの大きさで無色透明な結晶。一見、水晶に似ているが平行四辺形の断面を持った四角柱。さらに透明度も輝きも水晶に比べ格段に高い。

「それがトパーズよ！」

カミさんが興奮して叫んだ。

「またあった。お、あるある」

オジサンは次々にトパーズを拾い上げた。本当に**ガマの跡さえ見つければザクザク**のようだ。カミさんは目をウルウルさせながらその結晶を見つめ、そのまま私の顔を見た。

カミさんの**号令一下**、
汗と**トパーズ**が**出**てきた！

彼女の期待を受け、まずはスコップで斜面を軽く掘ってみる。茶色い砂がこぼれてきた。横を掘っていってみるが、砂以外は見あたらない。ガマの跡はいたるところにあるわけで

はないようだ。

「もうちょっと深く掘りなー！」

私たちの様子を見ていたオジサンが、少し離れたところからアドバイスをくれる。

ザクザク、ザクザク。

「あっち掘って。次こっち」

カミさんが次々注文を出すが、こっちは汗が噴き出してきた。

そのとき、落ちた砂のなかに白い砂利が混じった。

「きたっ！」。周辺の砂を落とすと白い砂利が薄く層を作っていた。

私はその砂をバケツに入れ水量の多い場所に移動した。オジサンと違い余裕のない私たちは1個たりとも逃したくはない。カミさんはバケツの中の砂をシャベルでフルイに入れ水に沈めた。

「出たっ！」

カミさんがさっそく小指ほどの結晶を拾い上げた。

「あった、ここにもあった」

私たちの歓声を聞いたオジサンが様子を見にやってきた。

「まだまだ、もっと大きいのが出るよ」

「出た！　デカイ！」

今度は親指ほどの大きさ。しかも先端部分。採集家が「頭《あたま》」と呼んでいるところだ。鉱物の結晶はその「頭」がそれぞれ特徴的な形をしており、採集家はことのほか「頭」を欲しがるのだ。

＊

採集を開始してから2時間が過ぎた。夏とはいえ木々に囲まれたこの場所はすでに薄暗い。カミさんは採集品をオジサンと見せ合っている。ガマの跡はひとつしか見つけられなかったが、それでも採集したトパーズは期待以上の数だった。最大の結晶は親指ほどだが、１００円ライターくらいの大きさの結晶も普通に出るらしい。

さて、今回は「宝の地図」に振り回されてしまったが、「宝の地図」なんてもともとそういうモノなのかもしれない。このとき以降、私たちは「2万5千分の1の地形図」を毎回携行するようになった。いまさらだけど……。

採集道具リスト②

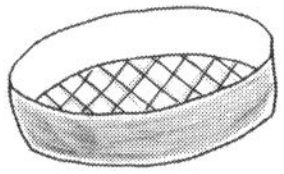

フルイ
採る鉱物のサイズで目の大きさも
かわってくるので、替網式が便利。

スコップ
折りたたみ式も
あるけど高価。
普通のもので十分
少し小さめのものを
使うと疲れが少ない。

ハンマー
ちょっと大きめの
石を割る時に
使うがほとんど
使わない。
疲れるから。

タガネ

大岩から切り出すとき
ハンマーとセットで使う。

map

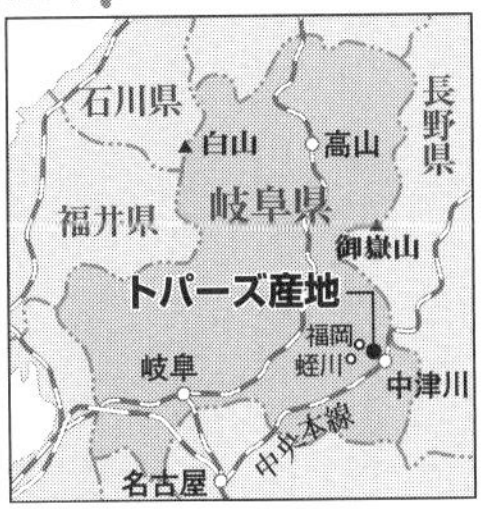

岐阜県中津川市。
採集家の間で「苗木地方」と呼ばれているところ。近くには「鎮の峠」という水晶産地もある。中津川市鉱物博物館には地元で採れた原石も多数展示されている。

第6旅

はじめての車中泊は蛍石の輝きとともに

岐阜県上之保《かみのほ》村（現関市）「平岩鉱山」

宿の都合にあわせる宝探しはイヤだ。寝られる車がほしい！
というわけで、手に入れた「リーサルウエポン」で出発!!!

これまでの私たちは、採集旅において〝命より大切な愛車〟ＢＭＷ５２５ｉを使ってきた。

しかし、残念ながらというべきか当然ながらというべきか、この車はふたつの理由により機動力がとても低かった。

ひとつは、林道などの狭い道や荒れた路面を走れないこと。もちろん本当は走れるのだが、私の心がそれに耐えられないのだ。

そしてもうひとつ、じつはこれが一番の理由なのだが、ＢＭＷでは車中泊ができない。遠出をすると必ずどこかに宿泊しなければならず、宿泊費が私たちに重くのしかかってくるのだ。

「寝泊まりできる車」が欲しい。

これが宝探しを始めてからの私たちには最大の望みになっていた。

そんな思いを胸に、これまで全国をまわってきたが、いよいよそれも限界になってきた。

ＢＭＷを手放さずに、何とか「宝探し用の車」を増車しなければならない。

そして、とうとう念願をかなえるときが訪れた。２００３年の9月、千葉県から富山県に引っ越したのを機に、ついにワンボックスの軽自動車を購入したのです！

その車は紺色の平成6年式ダイハツアトレー18万円!

この車があればすべての問題がクリアになる。宿泊費は当然タダ。その分ガソリンを入れればより遠くまで行ける。狭いところにもどんどん入っていけるし、**あちこち擦ったって気にならない。**

それだけで「心の問題」と「お金の問題」は解決だ。

さらに何てったって時間に拘束されなくなることが嬉しいではないか。採集に十分時間を使い夜の間に次の産地に移動する。途中で温泉を見つけたら入るもよし、入らぬもよし。予定変更も思いのまま。眠くなったところがその日のお宿になる。

私たちはさっそく後部座席を取り外し、できた床の空間にスコップやフルイその他小物を入れ厚めの合板で蓋をした。そして銀色のマットを荷台全面に敷く。バケツは助手席のヘッドレストの金具に引っかけ、アイロン台よりひと回り小さい折りたたみ式のテーブル、蛍光灯ランタン、そして毛布3枚を積み込んだ。

これで完成だ。この車は宝探しの機動力を飛躍的に高めてくれる。私たちはついに最終兵器「リーサルウエポン」を手に入れたのだ!

命名**「スーパー宝探し号」。**

ちなみに何がスーパーなのかというと、それは４ＷＤであるというところだ。

蛍石と石英で真っ白に見える斜面

東海北陸道を美並《みなみ》インターで降り、国道１５６号線を私たちは岐阜県上之保《かみのほ》村（現関市）に向かって走っていた。今日は「スーパー宝探し号」でのはじめての採集旅である。

ところが、この車を運転してみて私は重大な事実に気がついた。

「むちゃくちゃ遅いでこのクルマ」

山道だろうが国道だろうが、気がつけばいつもこの車が先頭だ。対面通行の高速にいたっては後続車が容赦なくプレッシャーをかけてくる。路肩に車を停め道を譲っても、あっという間にまた先頭。私は思わず「たすけてください！」と叫びそうになったくらいだ。

「あらイイじゃないの、強制安全運転で私は安心よ」

どうやらカミさんに不満はないようだ。

速さの問題はさておき、今回は岐阜県上之保村の平岩《ひらいわ》鉱山跡と愛知県設楽《したら》町の田口鉱山跡をまわる一泊二日の旅。

初日の今日は平岩鉱山跡で「蛍石《ほたるいし》」の採集をするのだ。

「**蛍石**」はミネラルショップやパワーストーンショップでとても人気の高い石。緑や紫のほかにピンクや黄の色を持つ透明な石だ。

インターネットで知り合った石仲間から事前に仕入れた情報によると、ここでの採集はフルイもいらなければスコップもいらない。掘る必要もなければ割る必要もない。「落ちている石のなかから綺麗なものを拾い上げるだけ」と聞いていた。

小学校の少し手前にある県道脇の空き地に車を停める。

隣に流れている川を渡り、未舗装路を山の中へと歩いていく。この道はけっして車の通れない道ではないのだが、しばしばトラックが通る。しかし、すれ違いできるほどの幅はない。やはり歩いていくべきだ。

運動不足の私たちにとって、未舗装路の坂道はちょっと息が切れる。カミさんの額にうっすらと汗がにじんできたころ、右側前方に植物の生えていない白くなった斜面が見えてきた。

「ホラ、あそこだよきっと」

そこは**明らかに景色が違っていた。**ほかの斜面は木々が生い茂っているにも

蛍石（フローライト）◆淡いパステル調の色合いが美しい石。ピラミッドをふたつ張り合わせたような正八面体の結晶が有名だが、産地により立方体になるものもある。パワーストーン店などで売られているもののほとんどは正八面体にカットされたもの。

かかわらず、まるで線を引いたみたいに「ここからここまで」という感じで斜面の色が白くなっている。

「ここだ！　間違いない」

その斜面は、すべてこぶし大の大きさ以下に砕かれた白い石でできていた。

ここが平岩鉱山のズリだ。この上に坑道があり、採掘した鉱物の残りを捨てた場所。それがここだ。

早速ズリに足を踏み入れる。ズリは石仲間の話どおり、ほとんどが透明もしくは薄緑の蛍石だった。それ以外は母岩となっている石英。そのためズリは遠くから見ると真っ白だったのだ。

「これだけあるんだから、綺麗な石だけを選ぶのよ」

持ってきたビニール袋に次々と蛍石を入れる。袋が満タンになるまでに時間はほとんどかからない。

ここは**蛍石のパラダイス**だ。

ところが、カミさんを振り返ると、ビニール袋にはまだほんのわずかしか蛍石が入っていない。不思議に思った私はしばらく彼女を観察した。

彼女は石をひとつつまみ上げると、それまでに採った石と比べきれいな場合だけ袋に入れていた。そして当然のように比べた石を袋の外に出すのだ。

「家の中が石だらけになっても困るでしょ」

なるほど、さすが主婦だ。

よし、それなら私もカミさんに習って白や薄緑以外の色を探そう。

ズリの表面はほとんどが白い蛍石。私はほかの色を求めて穴を掘ってみた。掘るといっても石をどかしていくだけなのだが、どれだけ掘っても蛍石と石英が続いている。

「あー、シャベルくらい持ってくればよかったなあ」

きっとずっと下の方にはまだ誰も手をつけていない美しい蛍石が眠っているのだろうが、とても素手では無理だ。だからといってシャベル1本あったところであまり違いはないけれど。

かわいらしい名前と裏腹に危険な性質を持つ石

「んっぐううう―」

シンと静まりかえった駐車場に立ち、ヒンヤリとする空気の中で、私たちは固まった体を思いっきり伸ばした。

愛知県設楽町の道の駅「アグリステーションなぐら」。すでにシャッターが降り真っ暗になった道の駅には人の気配がまったくない。採集を終えた私たちはここではじめての車中泊をすることにした。

「うわー、星キレー」

カミさんが背伸びをしたまま空を指さす。

「あれが射手座、あれが白鳥座、蠍座はしっぽしか見えてないね」

彼女は鉱物だけでなく星についても異常に詳しいのだ。

「光るものなら何でも好きなの」

なるほど、きっと彼女の光もの好きの原点は星なのだろう。

「早く今日の収穫を見ようよ」

この車は採集した石を家に帰らずともじっくりと観察できるようになっているのだ。

折りたたみ式のテーブルを取り出し、カミさんがずっしりと重くなったビニール袋から緑やピンク、紫、白の蛍石を並べる。

「やっぱりキレーねえ」

「ほたるいし」。何ともかわいらしい名前。英名は「フローライト」。これもステキな語感。

私はカミさんに、なぜ「ほたる」なのかを訊いてみた。

「それはねえ、炎の中に入れて熱すると明るく光るからなの」

なるほど、それなら今度、試してみなければならない。

「ダメよ、**やりすぎると爆発する**から」

「ええっ！　バクハツ?!」

「そう！」

カミさんがいうには、それは急激な温度変化が原因らしい。爆発のタイミングとして、ヒビの多いモノならば比較的低い温度で割れて終わるようだが、ヒビが少なければ少ないほど頑張って頑張って最後の最後に「ドカン」とくるそうだ。よって石により、いつ「そのとき」が来るかはまったくわからないらしい。もし焼けた破片が目に入れば、最悪失明の可能性もあり得るという。

「やったことあんの？」

「何いってんの。そんな危ないことするわけないじゃない。聞いた話よ、聞いた話」

蛍石とはそのかわいらしい名前とは裏腹に、むちゃくちゃ危険な側面を持っていたのだ。

「そのかわりってわけじゃないけど、蛍石は紫外線でも光る性質を持っているの」

カミさんはバッグの中からミネラライトを取り出した。ミネラライトとは紫外線を発するブラックライトを鉱物用に強力にしたもの。

暗くしてミネラライトをあてる。瞬間、真っ暗な車内に蛍石が青白く浮き上がった。


その夜、車の中で採集した蛍石を眺めた。


「わあ、キレー」

ピンクや緑の石も関係なく全部が青白く光っている。名前の由来はこっちの方がしっくりくるぞ。

テーブルの上にできた輝く山に私たちはしばらく無言になった。

……

「グーー」

なんだ、寝てるのか。私は車内を明るくした。

「あれっ、寝てた?」

カミさんが、ちょっと不思議そうに私の顔を見る。

「うん、寝てた。明日もあるからもう寝た方がよさそうだね」

明日はこの設楽町でルビーのように赤い「パイロクスマンガン石」を採集する予定だ。

夜空に光る星座の下、「スーパー宝探し号」は「愛のリーサルウエポン」に……なるわけないか。

つづく

map

岐阜県関市。
柚ジュースの「ゆじゅ」がオススメ。

第7旅

そして彼らは穴に消えていった

愛知県設楽《したら》町「田口鉱山」

はじめての車中泊を経験したふたりは、次なる鉱山跡で新たな宝石を狙う。そしてここでも他力本願パワーが炸裂？

念願だったワンボックスの軽自動車を購入し「スーパー宝探し号」と名前をつけた私たちは、その筆おろしとして1泊2日の旅に出た。初日は岐阜県上之保村《かみのほ》（現関市）平岩《ひらいわ》鉱山跡での蛍石《ほたるいし》採集。初日の結果に満足した私たちは次の目的地である愛知県設楽《したら》町まで移動し、そこの「道の駅」ではじめての車中泊をしたのだ。

*

「おはよう。意外とよく眠れたね」

まだ寝ぼけているカミさんを起こし、顔を洗うためにトイレに向かった。「道の駅」はすでに開いており、地場産のキノコを買い求める人ですでににぎわっている。

さて、今日の目標は**パイロクスマンガン石**。

この石は表面にキズがつきやすいため宝石として加工されておらず、そのため一般にはまったく知られていない。しかし、マンガンを主成分とした赤く透明な結晶は**ルビーよりも美しい**といわれている。

「道の駅」を出て、国道257号から県道10号を津具方面にしばらく走ると、パイロクスマンガン石が採れる田口鉱山跡へいたる林道だ。入り口には大きな石碑が建っており、それが目印になっている。林道は舗装こそされているが、やはり「林道」。幅は狭く対向車

パイロクスマンガン石◆マンガン鉱物は非常に硬く割れにくいが、中に入っている結晶は以外にもろい。勢いあまって中の結晶まで木っ端微塵になることがあるので注意が必要。この石があまりに有名なためいまひとつ影が薄いがオレンジ色の満ばん柘榴石も採れる。

が来たらすれ違う余裕はない。急な坂道にスピードはほとんど出ないが、かと思えばいきなりの下りにスピードがのってちょっと怖い。

インターネットから打ち出した田口鉱山入り口の写真を、風景と照らし合わせながら進む。数キロ進んだところでそれが一致した。

大物狙いのオジサン3人組が降りてきた

車を少し広くなっているところに駐車し、ハンマーとタガネを取り出す。

パイロクスマンガン石の結晶は坑道から掘り出され捨てられたズリ石の中に入っており、その石を割って見つけるらしい。しかし、その石がどこにあるのか私たちはまったくわかっていなかった。

「大丈夫。きっと誰かいるから、その人に教えてもらえばいいって」

そのとき、林道の先の方から車のエンジン音が聞こえてきた。エンジン音はしだいに大きくなり、私たちが来た方向と逆の方向から1台のRV車が姿を見せ、目の前に止まった。

「こんにちは、パイマン採りに来たの？」

運転手が声をかけてきた。パイマンとはそのままパイロクスマンガン石の略である。

「はじめて来たんでズリの場所もよくわかんないんです」

「あ、そう。じゃ一緒に行こうか」

車から降りてきたのは40代のオジサン3人。

「準備するからちょっと待ってて」

オジサンたちはトレッキングシューズを履きハンマーとタガネ、バール、ヘルメットを取り出した。

バール？　ヘルメット？

さらにそのヘルメットにはライトがついている。

「さあ行こう」

天井が崩れる可能性があるけど、一緒にどう？

獣道のような道をオジサンたちの後に続く。ヒンヤリとした空気のなか聞こえるのは鳥の声と足音だけだ。数分歩いたところでオジサンたちが立ち止まった。

「ここから下がズリだから」

オジサンが指さす急斜面をのぞき込むと、拳２個分ほどの大きさに砕かれた真っ黒い石がびっしりと覆っていた。下の方は少し平らになっており、その先はまたガケになっているらしく何もない空間がパックリ口を開けていた。

「マンガン鉱物は酸化して表面が真っ黒になるんだよ。でも中は綺麗なピンク色だから。じゃ」

なるほど、ズリの色にもその鉱山の特徴が出るわけだ。ところで「じゃ」って何？

「僕らは**坑道の中で採集**するんだ」

えっ?!　坑道って、廃坑になった坑道のことか。

「中を１００メートルくらい行くと、壁面にパイマンのデカイ結晶がビッシリついてるんだよね」

話によると、入ってすぐ45度くらいの下りがあり、そこはちょっと注意がいるという。いまのところケガをした人はひとりもいないらしいが、でも……。

「でも、パイマンを採るとき壁をガンガン叩くんでしょ、天井が崩れたりしないんですか」

「その可能性はあるね。でも大丈夫。君らも行く？」

行くわきゃねーだろ！

坑道跡はすぐ近くにあった。入り口は狭くしゃがまなければ入っていけない。オジサンたちはヘルメットのライトをつけサッサと中に入っていった。いったん入ると5～6時間は出てこないそうだ。私たちは恐る恐る坑道をのぞいてみたが、真っ暗なその中はもう何も見えなかった。

鳥の声だけが響く森の中に私たちは取り残された。しばらくしてカミさんが口を開いた。

「ところでさ、パイマンの見つけ方って教えてもらったの？」


命と引き換えの宝探しなんて……


とりあえず真っ黒な石をひとつ割ってみた。すると温泉卵の殻のごとく真っ黒な表面の下から透明なピンク色の細かい結晶が現れた。

「おおー、これがパイマンか？」

「違うよ、これは**バラ輝石**。パイマンは真っ赤でしょ」

私は続けて2〜3個割ってみたが、どれも中はバラ輝石の塊だけだった。

「ねえ、こんなこと続けてらんないよ。もっと確実な方法探そうよ」

マンガン鉱物は堅牢性が高く、割るためには相当な力が必要になる。私は何個かの石を割っただけで息が切れてしまった。

「誰かが来てくれるまで、ご飯でも食べて待ってようか」

私たちは日陰に腰を下ろし、コンビニ弁当を広げた。

「あのさ、誰も来なかったらどうなるのかな」

「残念でした、で終わるしかないんじゃないの」

私たちは自分たちの採集姿勢を反省するしかなかった。

『自分たちだけじゃ何もできないじゃないか』

口にこそ出さなかったが、私たちは同じことを考えていた。

しかし、いまは待つしかない……。

太陽が移動し影が少し長くなったころ、人の話し声が聞こえてきた。私たちは近づいてくるその声の主を息をつめて待ちかまえた。

見えた！　女性と男性の2人組。ご夫婦なのだろうか。でもいままで産地では一度も女

性を見たことがない。ただのハイキングかもしれない。

私たちは平静を装い声をかけた。

「こんにちは、いいお天気ですね」

「やあ、パイマン採りに来たの？」

助かった。私たちは笑顔を見合わせた。

その方は名古屋から来たという50代の大川さんご夫婦。「ハイキングも兼ねてね」といいつつ、何度もここに来てはパイマンを見つけているそうだ。

服装は足元こそトレッキングシューズで固めているが、それ以外は小ぶりのリュックをかついでいるだけ。これなら坑道に入るなんていわないだろう。

「え、坑道に入っていった人がいるの。無謀ですねえ」

ご主人は坑道に入ることに否定的だった。

「事故でもあったらどうすんの。命と引き換えなんて、そんなの楽しくも何ともないですね。それに本当に事故があったら、産地自体が立入禁止になるんだから、それからじゃ遅いんですよ」

そのとおりである。私はこの意見に１２０パーセント同意させていただく。

「坑道に入んなくってもズリでいっぱい見つかりますから」

「ホントですか、さっきからぜんぜん見つからなくって」

「このズリにはないよ、下のズリに行きましょう」

ご主人は慣れた足つきでとっととズリを下りていった。一方奥さんはカミさんと話が弾んでいた。

「うちの主人、石が好きなのよ。はじめは無理やりつき合わされてイヤだったんだけど、もう慣れたわね。あなたも大変でしょう」

「いえ、あはは。え、あ、あたしも好きだからへーき、……かな?」

ご主人はズリの一番下まで下りていき、その先のガケまでも下りていってしまった。なんとガケだと思っていたそこは、もうひとつのズリだったのだ。ご主人は一番下で「ここだから早く来い」と手を振っている。

「**ネオトス石**っていう真っ黒い石の中にパイマンは入っているから、まずはその石を探してください」

ズリ石はすべて真っ黒いのだが、ネオトス石はそのなかでも艶のある石らしい。さらにその石は中も真っ黒でバラ輝石とは違うようだ。

「これですか?」

私はそれっぽい石を拾い上げ、ご主人に見せた。

「そう、これこれ。でもこれには入ってませんね」

「なぜわかるんですか」

「入っていれば**結晶がスジのように見えてる**んです。見えないってことは、ないってことですから」

カミさんがひとつ、手で握れるほど小さいがスジのあるネオトス石を見つけてきた。

「入ってはいるけど小さすぎて割れません。粉々になりますね」

そのとき、横に流れている小川の中を探していた奥さんが何かを拾い上げた。

「あは、結晶がそのまま落ちてた」

奥さんが見つけたそれは親指の爪ほどの赤い板状結晶。カミさんはそれを手のひらにのせ、はじめてのパイマンに感動している。

「それ、今日の記念にあげますよ」

「本当ですか」

私たちはその結晶をありがたくちょうだいした。

その後、残念ながらパイマン入りのネオトス石を見つけることはできなかった。ここ数週間好天が続いたため、人勢の人が探してしまった後だからと大川さんはいう。今後雨が降りズリが洗われれば、また新しいネオトス石が顔を出すとのことだ。

車の駐車場所まで戻ってきた私たちは、その後しばらく大川さんご夫妻と石談議に花を咲かせた。

さて、今回は「スーパー宝探し号」が存分に威力を発揮してくれた。１泊２日のこの旅で使ったお金は交通費と食事代だけ。すでに14万キロ走行済みのノロマな車だが、そこがまた「アバタもエクボ」ということで、これからの私たちに欠かせない相棒になったのだ。

ところで、私たちと大川さんの車以外にＲＶ車が１台あるのだが、それってまだ中にいるってこと？

map

愛知県設楽町。
国道257号から県道10号へ入り津具方面へ。滝瀬橋より林道に入り約４キロ。車がないとちょっと大変。

動してみて。まずは全体を歩いてみること。

4 先客がいた場合

その先客がみんな同じところで探していたなら、そこがいま現在、出ているところ。もしくは、そこ以外出ないということ。まずは話を聞いて次の行動を考えよう。

5 先客がいなかった場合

もしかしたら場所を間違えている可能性もある。そんなときは誰かが探した形跡を見つけよう。形跡があれば誰かがそこで探していた証拠だから。そして、その続きを探してみるのもひとつの方法。でも、そこで見つかるかどうかは保証しないよ。

6 下から上へ

さて、いよいよ採集となったら、まずは表面からじっくり見ていこう。穴なんか掘らなくったって意外と大物が見つかったりする。原石が隠れているズリは山の中ということもあって斜面であることが多い。そんなところでは「下から上へ」探していくと見つけやすい。

大人よりも子供の方が見つけやすいといわれているのは、目線が地面に近いから。

7 誰も探していないところ

誰かが大物を見つけたり、たくさん出したりしていると、人情としてどうしてもその近くで探したくなるもの。みんなが同じ場所に集まり同じところばかり探しちゃう。私たちもそう。

ここはあえて誰も探していないところに手をつけてみるのもいい方法かも。でも、その場合は草刈りから始めなきゃならないときもあるから時間がかかると思う。その代わり出たときは大きい。するとそこにまた人が集まってきて……。

お宝探し10のコツ byくみ子

1 現地に着く前に

何としても一度、現物を見るべき。

インターネットや図鑑で写真を見るだけでも悪くはないけれど、できれば近くにある博物館などで実物を見よう。

基本的に原石は結晶の形が決め手になる。しかし、同じ宝石でも産地によって色も違えば形も違う。学芸員の先生にいろいろお話を聞くのもナイス。そしてもし、触らせてもらえるようなら絶対に触っておくこと。その手触りや重量感を知るとワクワク感がさらに高まるよ。

とくにヒスイなどは形が決まっていないため、見た目と手触りを知っておかないと絶対に見つからない。

2 現地に着いたら

入り口で留まらない。

産地によっては入り口から目的の宝石が見つかるところも多い。するとそれだけで感動してしまい、ついついそこで採集を開始してしまいがち。でもちょっと考えて。そこはこれまでに多くの人が通過しているところ。先に進めば「もっと美しいものがある」んだから。

3 探し始める前に

全体をよく見ること。

宝石の見つかるところは意外と広い。一か所だけで探すのではなく、数か所、目星をつけておくといい。場所によっても、形、色、大きさに偏りがあるから、自分が気に入った場所を見つけるまであちこち移

8 「脈」を見つけること

産地によっては原石を含んでいる地層が決まっていたりする。その層のことを脈と呼んでいる。それをうまく見つけると「お宝ザクザク」なのです。でも、脈は太いこともあればものすごく細いこともあるの。やっと見つけたと思っても、すぐに終わってしまったり見失ってしまったり……。

本書のお話を参考にしてね。

9 根気は必要？

ヒスイ探しと砂金採りは絶対に根気。

ヒスイは任せて！　誰が何といってもヒスイは根気よ。探す場所が海岸ということもあって、日陰はないし、ずっと歩かなきゃならないから気がつくといつもフラフラになってる。しかもめったに見つからないから疲れは倍増。さらにいうなら根気があっても見つからないときはまったく見つからない。かけた労力に対して最もリターンの少ない宝石がヒスイね。

砂金は誰に訊いても根気が第一といわれた。１日やって５～６粒見つかればいい方という人も。そのせいか私たちはいまだに数粒しか見つけられていない。毎回「今度こそは」って気合いを入れていくんだけど、本当に根性なしだわ。

話がずれちゃった。私たちが行く産地は基本的にすぐ見つかる。

より良いものを見つけるためには根気が必要ってところかしら。

10 現場でのことではありませんが

大都市圏ならば鉱物同好会に入るのもいいと思う。情報も得やすいし、採集会に参加すれば手ほどきも受けられる。大勢いればその分不安も少なくなる。ある程度慣れるまではきわめていい方法なんじゃないかな。残念ながら私の住んでいるところにはないの。

第8旅

ジャガイモに隠された虹の揺らめき

福島県某所のオパール産地

山の奥の奥に落ちているジャガイモの群れ。ハンマーで叩くと乳白色のオパールが！　さらに日を当てると虹が現われた。

ある初夏の朝早く、私たちは石仲間のサルネコ氏と山奥の一軒の民家を訪れた。深い谷間にあるこの家には、まだ日が差し込んでいない。

「お待ちしてましたよ」

出迎えてくれたのはオパール鉱山の持ち主である藤原さんご夫妻。

「**オパールが忘れられなくて**また来てしまいました。こちらがお話ししていた辰尾さんご夫妻です」

とサルネコ氏。

「はじめまして。今日はよろしくお願いします」

「どうぞどうぞ、入らっし」

家の中に通された私たちがまず目を奪われたのは、部屋の中央にドンと鎮座する……コタツだった。

「寒かろう、コタツに入らっし。あっついお茶飲まっしい」

ここはまだ雪解けから日が浅く、春になったばかりなのだろう。

促されるままコタツに足を入れた。ふと上を見上げると、土壁の天井近くに町内放送用のスピーカーが取りつけられてあった。もちろん防災のためだが、町の催し物の案内など

オパール（和名／蛋白石）◆卵の白身に似た石の中に七色の煌めきをもつ宝石。水晶と同じ組成だが分子の隙間に水を持っているため乾燥に弱い。結晶ではないので少しの衝撃でもすぐに割れてしまう。海外ではオーストラリアやメキシコ産が有名。10月の誕生石。

にもよく使われているらしい。昔ながらの生活がしのばれ、落ち着いた気持ちになった。

ここは福島県の奥の奥。藤原さんの希望により詳しい場所を書けないことをお許しください。

「まずはこれ見てみらっし」

コタツにすっぽりとおさまった奥さんが横の茶ダンスから取り出したモノ。それは両手でやっと持ち上がるくらいの巨大な**ジャガイモのような岩**だった。

奥さんがよっこらしょと裏返す。

「うわあ」

声をあげたのは私だった。カミさんは大口を開けたまま固まっている。まさかジャガイモの裏側がこんなにすごいオパールになっていたなんて！

透明な石の中に**いくつもの虹**が封じ込められているように赤、青、緑の光が揺らめく。さらに角度を変えれば見える色もまた変わっていく。これは「遊色《ゆうしょく》（イリデッセンス）」と呼ばれるオパール独特の光の見え方だ。

「こ、こんなのが採れるんですか」

「んだな、まあこんなでっけーのはめったに出ねけどな。たまたま出ただ」

ご主人が誇らしげに笑う。

「ほかにもあっけど、見でみっかい」

次から次に出てくるオパールに私たちの目は釘づけになった。

「は、早く行きたいんですけど」

「まあまあ、もう一杯お茶飲まっし、オパールは逃げねえよ」

笑いながら私たちを見ていたサルネコ氏が、なかのひとつを持ち上げ説明を始めた。

「よく見て、オパールはこのジャガイモみたいな石の中に入っているんだ。何だか球根みたいな形をしてるから**『球顆《きゅうか》』**って呼んでるんだけどね。これを探すんだよ」

サルネコ氏によると、オパールがその表面にスジのように見えている球顆を探せばいいらしい。何だか前回の「パイロクスマンガン石」の探し方に似ているが、球顆を探すことに苦労はないそうだ。ただし、オパールが入っていても遊色があるかどうかは、それこそ割ってみなければわからない。

「オパールが入っていれば軽く叩いただけで割れるから、次々と割っていけばいいいんだよ」

「ほっほっほ、好きなようにやってみらっし。そいでな、岩石を少し掘り出しといたから、そこ探してもいいべ」

鉱物採集家がみんな憧れるオパールを探しに行きたい

それは昨年の秋。サルネコ氏と一緒にトパーズの採集をしていたときに始まった。

同世代の彼とはインターネットの鉱物掲示板で知り合った。これまでにも何度か産地を案内してもらったり、したりしている仲だ。

「サルネコ」というのは、もちろん彼の愛称だ。鉱物と化石に深い造詣を持つ彼は地質の専門家である。

その日、なかなかの収穫に気をよくしていたサルネコ氏が話を切り出した。

「今回は案内してもらったから、次はボクが案内してあげたいんだけど、どんな石がいい？」

「オパール！」

カミさんが即答した。

オパール。それは私たちが鉱物採集を始めたときから、カミさんが欲しいといい続けていた宝石だった。しかし、採集できるその場所が個人所有の山であり、誰かの紹介がなければ入れないことを知っていたので、何の「つて」もない私たちには夢のまた夢の宝石だったのだ。

「……いいよ」

「キャー！　やったー！」

「あそこは紹介がないと入れないんだよ。何でも30年くらい前までは自由だったらしいんだけど、かなり山を荒らされたらしくてさ、持ち主は『**本当にオパールが好きな人にしか来てほしくない**』っていってるんだよね」

もっともだと思う。山を荒らすことと近隣に迷惑をかけることだけは避けなければならない。

「ボクも最初は紹介してもらったんだけど、今度はボクが紹介してあげる」

「嬉しい！　それでサルっちは何回くらい行ったことあるの」

「4回」

その日からカミさんのオパール談議が始まった。「オパールは遊色があーだこーだ」「壊れやすいからあーだこーだ」という彼女の頭の中には、もはやそれ以外の石は存在していない。

だが、無情にも冬がやってきた。容赦なく降り続く雪。私はサルネコ氏の言葉を思い出していた。

「山だからね、冬は無理だよ」

しかし、春はじらしながらも確実にやってくる。

そして山奥の雪も完全に消えたであろう5月、ついにサルネコ氏からメールが届いた！

太陽の光をあてないと、オパールの遊色は見づらい

ご主人の運転する軽トラックの荷台に乗り、私たち3人と奥さんは現場へと向かった。

数分で到着したその場所は、三方を急斜面で囲まれた小さな谷間。わずかにテニスコートほどの広さだけが平らになっている。斜面の木々の隙間からは太陽がのぞき始め、もうしばらくすると、谷間全体が明るくなる。すでに十分奥深い山のさらにその奥は、案内なしでは絶対にたどり着けないところだ。

車から降りた私の足元には、乳白色の石の破片や球類の破片がたくさん散らばっている。

横にはご主人が掘り出してくれていた球類入りの岩石が小さい山になっている。沢の中にも破片がたくさん落ちているが、そこはあまり探さないのだろうか、割れていない球類もあるようだ。

「おめえ何ボーッとしてるべ。つっ立ってねえで早ぐ探せえ」

「あ、はいはい探します」

ご主人のひと言で私は我に返った。サルネコ氏はすでにご主人の作った山にかじりついている。一方カミさんは沢の中を中心に探し始めることにしたようだ。

今回オパール採集のために持ってきた道具はハンマーとタガネなのだが、この状況ならばハンマーだけでも十分だ。

さっそくサルネコ氏が私の顔を見てニヤッと笑った。彼は山の中から大きな球類を見つけてきた。その球類は手のひら大でかなりデコボコしており「**ここにオパールがいますよ**」といわんばかりに透明なスジが入っていた。

彼がニヤニヤしながらハンマーで軽く叩く。焦って強く叩くとオパールは球類ともども粉々になってしまうのだ。

数回叩いたところで表面がはがれるようにポロッと取れた。サルネコ氏はその石を拾い上げ「うーん」と唸っている。残念ながら遊色がなかったようだ。

「これ割って」

カミさんが沢の中からまだ割られていない球顆をいくつか持ってきた。今度は私たちの番だ。私はサルネコ氏の真似をして軽く叩いてみた。ところが、これがなかなかうまくいかない。球顆は強く叩こうとするとすぐにどこかに転がっていき、強く押さえすぎると自分の指を叩いてしまいそうになる。それでも何とか全部の球顆を割ってみたが、残念ながら中には何も入っていなかった。

「ほーら、ひとつ見つけたよー」

一番先にオパールを見つけたのは奥さんだった。奥さんは私がただの破片だと思っていた足元に散らばる石のなかからそれを見つけ出したのだ。大きさは指でつまめるくらいでしかないが、その中には青と緑の遊色がハッキリ浮かんでいた。

「日陰だったり夕方だったりすっと色に気づかん人がいんだ」

太陽が谷全体を照らし始めたころ、ついにサルネコ氏がひとつ目のオパールを見つけた。それはすでに割れていた破片だったが、赤と緑の遊色が浮かんでいた。そしてそれがオパールラッシュの始まりだった。

その日最大の収穫は沢に捨てられていた

「あった」「見つけた」「キャーッ」

太陽光の下ならば、その遊色がハッキリ見えるのだ。もう見逃すことはない。

私とサルネコ氏は山の中の球顆から。カミさんは沢の中から次々とオパールを見つけ出した。

いったんコツがわかってしまえば球顆も簡単に割れた。というよりも、割れない球顆には何もないのだ。無理に割る必要はない。

気がつくといつの間にか太陽が傾き谷は山陰に覆われてしまった。これ以上留まっても遊色は見えなくなるばかり、そろそろ引き上げ時だ。そのとき。

「あー、すごーい何これー」

カミさんが沢の中から球顆をひとつ拾い上げた。

「見てよ！　すごい色だよ」

それは拳ほどの球顆を半分に割ったくらいの破片で一部が透明なオパールになっていた。

そしてまるで色つきのセロファンを貼ったかのようにその部分全体が赤に光り、角度を変えると**青そして緑になった。**

「すごいなあこれ、やったじゃん」

「これ割った人は、この色に気づかねえで捨てちまったのかなあ」

奥さんはあきれていた。

最後にすばらしいオパールを見つけ、私たちは上機嫌で谷を後にすることができた。

「気が向いたら、またこらんしょ」

藤原さんは最後まで笑顔で我々を見送ってくれた。

鉱物採集に一番大切なのは、人と人とのつながりなのだなあとつくづく思う。藤原さんとサルネコさんのいい関係が、私たちにつながり、そして今回の収穫にも結びついた。いい関係は、鉱物知識や産地情報を手に入れる一番の早道。そしてお宝と巡り合える確実な方法なのだ。

採集道具リスト③

パンニング皿
砂金採りにはかかせない道具。
慣れないうちは小さい方が
使いやすい。

ピックハンマー
普通のハンマーだとふりかぶった
時に先が飛んで危険なため
柄と一体になった専用のものを。

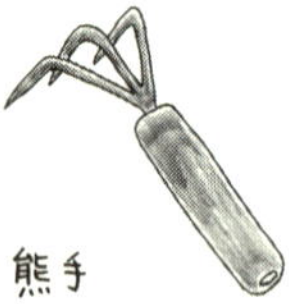

熊手
最近発見した超便利
グッズ。つるはしと同じように
使うが、つるはしほど危くない。
潮干狩用。

小型つるはし
土を掘ったりズリをひっかく時に
使う。先が抜けるので絶対に
ふりまわさない事。

map

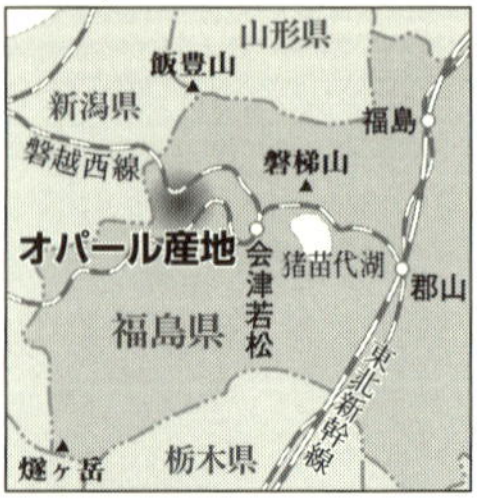

福島県某所。
車と案内がなければ絶対にたどり着けないところ。詳しい場所を書けないことをお許しくださいm(_ _)m。

この先にあるかもしれない
まだ見ぬ鉱物の期待にワクワクする。

本書に登場する宝石たち part 2

第6旅

蛍石（岐阜県関市）

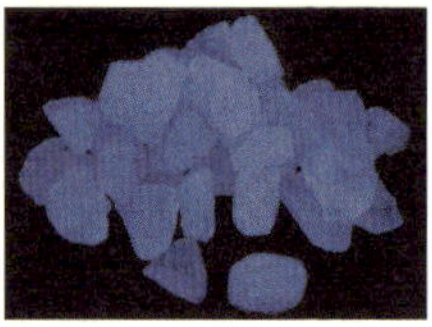

第7旅

左上，下：パイロクスマンガン石（愛知県設楽町）
左下：バラ輝石（愛知県設楽町）

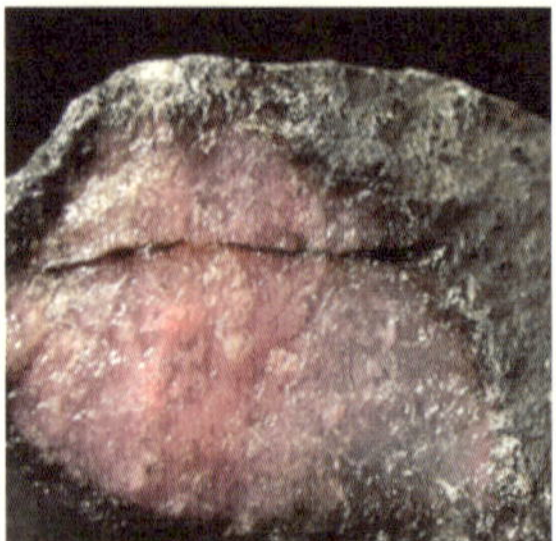

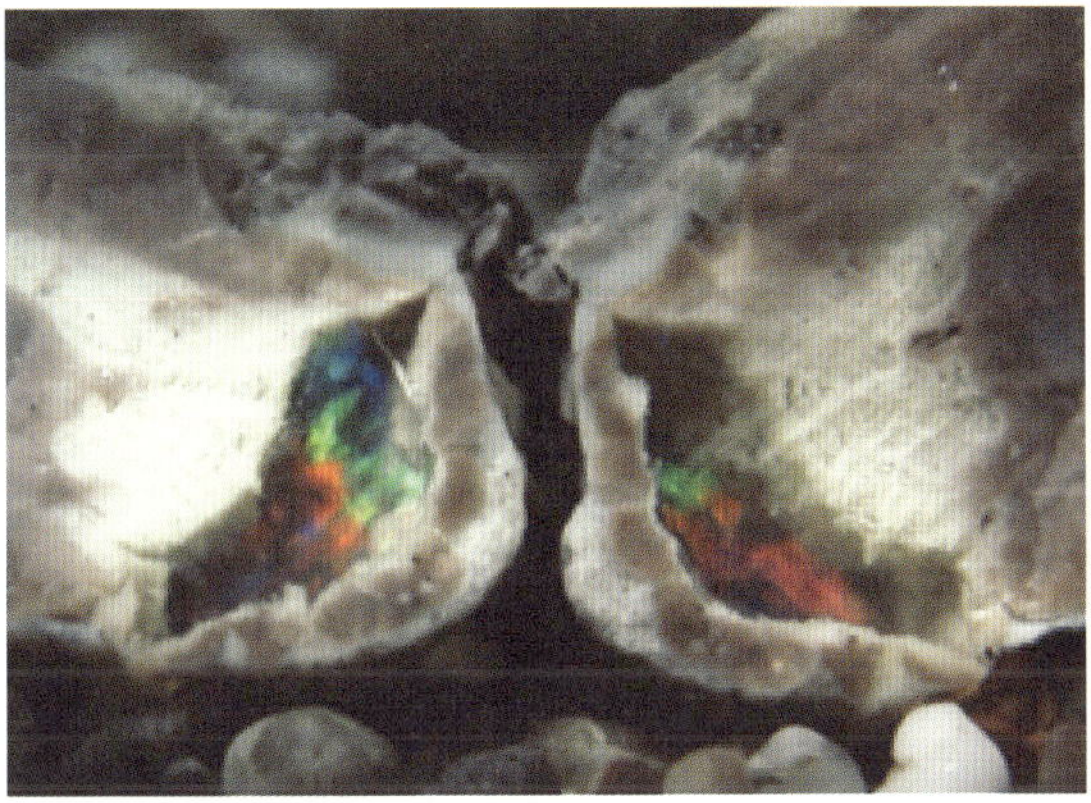

第**8**旅

オパール（福島県）

第**9**旅

右：サファイア、左上：ルビー、左下：アルマンディンガーネット（奈良県香芝市）

（撮影：遠藤義人）

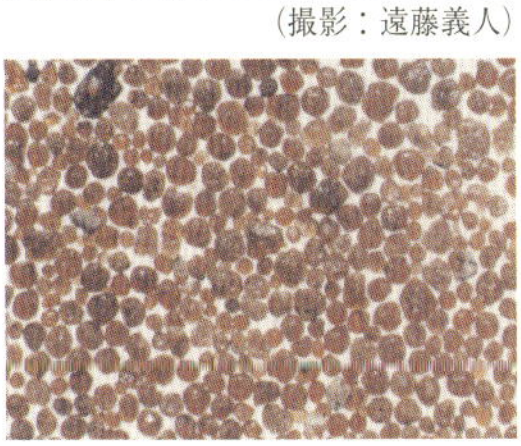

（撮影：遠藤義人）

第10旅

トルマリン（茨城県常陸太田市）

第11旅

砂金と紫水晶（新潟県佐渡市）

第**12**旅

左：透輝石（岐阜県関市）
下：緑水晶（岐阜県山県市）

第**13**旅

左：六放珊瑚（高知県土佐清水市）
下：八放珊瑚（高知県宿毛市）

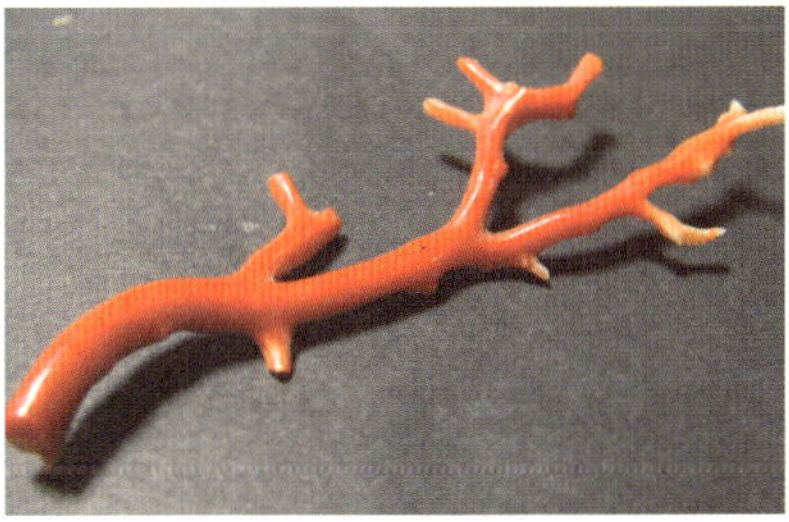

第**14**旅

パイロープガーネット（愛媛県四国中央市）

第**15**旅

琥珀（千葉県銚子市）

第**16**旅

水晶（長野県）
左上：エステレル式双晶（長野県）

第17旅

琥珀（岩手県久慈市）

第18旅

紫水晶（宮城県）

第9旅

台所での宝探し!?

奈良県香芝《かしば》市二上《にじょう》山麓の竹田川

拾う、掘る、割る、宝石を手に入れるのはだいたいこの3パターン。でもここにまったく違う方法で大物を探す夫婦がいた。

わが家の玄関には砂の入ったプラスチックの衣装ケースが数カ月間放置されている。狭い玄関がよりいっそう狭くなってしまい、訪れる友人からはしょっちゅう「何これ邪魔」といわれている。

しかし、この砂はただの砂ではない。

何を隠そう中に**サファイアを含む宝石の砂**なのだ。私たちはこれを乾かしつつサファイアを選別している最中であり、けっして無意味に放置しているわけではない。「サファイア？　そんなの日本で見つかるの？」と驚く読者もいると思うが、じつはサファイアくらい日本でもたくさん見つけることができるのだ。いまのところダイヤモンド以外の宝石はすべてといっていいくらい見つかっている。

ほとんど知られていないが、**日本は世界有数の宝石大国**なのだ。

私は鉱物マニアのカミさんとともに、そんな日本産の宝石を探す旅をしている。ただ、宝石を見つけて大喜びするのはカミさん。私はどちらかというとカミさんづきの運転手なんだけどね。

産地はインターネットや市販されているガイドブックなどで探すことが多い。

たとえば目的の鉱物の名前を入れて検索すると、ヒット数が１０００件を超えるものの も

サファイア（和名／青玉）◆鉱物名をコランダム（和名／鋼玉）といい５大宝石のひとつ。微量の鉄とチタンにより青く発色する。クロムが混入すると石は赤くなりルビーと呼ばれる。青いことで有名なサファイアだが、じつは黄、緑、紫など多くの色を持つ。９月の誕生石。

ある。しかし、だからといって産地に行けば必ず採集できるというものではない。これまでの経験からいうと簡単に行ける産地は採集が難しく、反対になかなかたどり着けない産地は採集が簡単であることが多いようだ。

採集の仕方はいくつかある。

廃坑になった鉱山跡に出かけ、不要な石を捨てた「ズリ」と呼ばれる場所で探す方法。

土を掘り出し、フルイにかけ宝石を見つける方法。

またはタガネを使い大きな岩石を割って取り出す方法がある。

スタイルは産地によってすべて異なるが、だいたいこの3パターンに集約されるだろう。

そこで玄関のこの砂だ。この砂にはサファイアが含まれていることは前述のとおりだが、採集方法が3つのパターンにあてはまっておらず、なんとわが家の台所での採集となったのだ。

バケツ2杯の砂をもらいに往復800キロのドライブ

「うえ、何だこれ」

水がわずかに流れる小川の砂をスコップでひとすくいした私は、その中に混じるおびただしい数の小さくて赤い何かを発見した。

「あらホント気持ち悪い」

後ろにいたカミさんが、怖々スコップをのぞき込む。

「何かのタマゴかな？　カエル？　魚卵？」

「バラバラに混じっているからカエルじゃないよ。カニかなあ」

それはイクラをふたまわりほど小さくしたようなモノだった。

真夏の太陽が私たちをジリジリ焼いている。町中からほど近いこの小川には太陽を遮る木立など何もない。横の県道にはときおり大型ダンプが通り、真っ白い砂煙を巻き上げて走っていく。本当にこんなところにサファイアなんかあるのだろうか。

数カ月前、私たちは『関西地学の旅・宝石探し』（東方出版）という本を手に入れた。この本の中に美しい写真とともにサファイアの産地が紹介されていたのだ。場所は奈良県香芝《かしば》市。流れのほとんどない小川の砂の中に、かなり小さいらしいが青く透明なサファイアが混じっているというのだ。しかも本によるとガーネット、エメラルド、トパーズなども見つかると書いてある。

「小さくったって、サファイアはサファイアよ」

カミさんが私の顔を見た。彼女の心はすでにサファイアでいっぱいであるに間違いない。

こうなると何をいってもムダだ。

宝石のことになると彼女は**「距離感」や「時間感覚」がマヒ**してしまい、
とにかくそこへ行かなければ気が済まなくなってしまうという困った性格をしているのだ。

そして次の日曜日、私たちは富山インターから北陸自動車道に駆け上がったのだ。


「ちょっと待って。もしかしたら……」

すくい上げた砂をじっと見つめていたカミさんがそのひとつをつまみ上げた。

「やっぱり」

「え！」

「やっぱり、これガーネットだよ」

「ガーネット？」

「だってホラ、形といい色といい、だいいち触ればわかるけど石だし」

私はスコップの中のタマゴをひと粒つまんだ。

「ホントだ」
確かに本には「砂をすくうと赤い粒が目につく」と書いてある。しかし砂の半分以上がガーネットではないのだろうか。「目につく」というレベルではない。

ガーネットにサファイアにまるでこの砂は宝石箱だ！

私たちはあらためてその本を開いてみた。よく読んでみると「川底にはガーネットがたくさん堆積している」と書いてあった。どうやら私たちはガーネットの存在を軽く見ていたらしい。
「この砂を乾かしサラサラにした上で、赤いガーネットや青いサファイアをピンセットで取り出す」
なるほど、砂の中にサファイアやほかの宝石たちが含まれているようだ。だが本にも書かれているとおり乾かさなければガーネット以外何もわからない。もしこの場で選別作業ができるようならやってしまおうと考えていたが、それは無理だ。家に帰ってから「一粒ずつピンセットで」探すしかない。

私たちはバケツ2杯分の砂を採集した。きっとこの中にはたくさんのサファイアがあるに違いない。

「早く帰ってサファイアを探そう」

私たちは明日香にも斑鳩にも目をくれず、自宅に向かってハンドルを切った。それにしても滞在時間約30分。このためだけにここまでやってきた私たちは、**すでにバカを通り越している**のかもしれない。

筋肉疲労の体にむち打ってゴミを拾ってみたものの

目を覚ますとすでに午後だった。

「サ、サファイア……やらなきゃ」

布団の中でブツブツつぶやいているカミさんの顔を見ながら私はようやく体を起こした。

「イテテテテテ」

昨日の強行軍のせいでこわばった体を無理やり動かして、隣で寝ているカミさんを布団から引きずり出した。

「ああーうー、イタイよー」

　上半身だけは起きあがったものの、彼女はなかなか目を開けられない。ようやく活動を開始したとき外はすでに夕方になっていた。

「とりあえずゴミを捨てよう」

　砂は適当にバケツに入れてきた。そのため中には枯れ葉や枝がたくさん含まれている。まずはそれを取り除かなければならない。

　私たちは庭でプラスチックの衣装ケースに砂をあけ、洗車用のホースで水を入れた。すると、細かい砂とともにこれでもかというくらい枯れ葉や小枝が浮き上がってきた。それを流れる水とともに外に出す。すべて取り除くために数時間もかかってしまった。

「イテテテテ。もうダメ、腰が伸びないよ」

「ううう、あたしも」

　衣装ケースに入っている砂は予想以上に多いガーネットで真っ赤になっていた。

「このガーネット、何とかならないのかしら」

　うーん。しかし何とかなる量ではない。とにかくいまいえることといえば、この中からサファイアを探し出すのは容易ではないということだけだった。

「とにかく乾かさなきゃ」

「玄関においておけばそのうちに乾くんじゃない」

こうしてサファイアが入っているはずの砂は、乾かすという理由により衣装ケースに入ったまま玄関に放置されることになった。

ついに青い砂粒を発見した！

「もしもし。ガーネットばっかりでサファイアが見つからないんですが……」

「ああ、サファイアですか。そうそうありませんわ。根気ですな。そのうち見つかりますやろ」

探しても探してもガーネットしか見つからないことに業をにやした私は、もしかしたら上手な探し方を教えてもらえるかもしれないと、香芝市の二上山《にじょうざん》博物館に電話をした。

「根気ですか。ガーネットだけでも何とかできないでしょうか」

「ああ、それなら**磁石を使う**とよろしいがな。ここのは磁性がありますから簡単にくっつきますのや」

＊二上山博物館
奈良県香芝市藤山1-17-17
☎0745-77-1700

おおお、これは大きなヒントだ。カミさんは早速台所でフライパンを引っかけている磁石つきのフックを取り外してきた。

白い紙にひとつかみずつ砂をのせ磁石をあてる。

おおー、取れる取れる。赤かった砂がみるみる白くなっていく。これでサファイアの青がハッキリ見えてくるはずだ。

しかし相手はその砂と同じ大きさ。私は虫眼鏡でなめるように砂を見る。カミさんにいたっては10倍のルーペでひと粒ずつ確認している。見つかるのが先か、飽きるのが先か、**まさに根気との勝負**になってきた。

「あった。これよ！　絶対そう、間違いない」

ついにカミさんが待望のひとつ目を見つけた。

「どれ、見せて」

「ちょっと待ってねー」

カミさんは指の先につばをつけ、表面張力でそれをくっつけた。

「え、何それ？　点じゃん」

それはよくぞ見つけたというくらいの大きさ。下手にくしゃみでもしようものなら確実

＊BE-PAL連載時、不明の粒を鑑定していただきました。エメラルドかと思われたものは人工物でしたが、赤紫の石がれっきとしたルビーであることがわかりました。鑑定協力／独立行政法人国立科学博物館　地学研究部長・松原聰博士

にどこかに飛んでいってしまうだろう。しかし、さすがサファイア。ルーペで見たそれはまさしく宝石だった。

その後、根気は長続きするはずもなく、サファイアを3つ見つけたところで私たちは音をあげた。

「3つ見つけたからもういいよね」

「うん。もうやりたくない」

採集に行ってから現物を手にするまで、何カ月かかったのだろう。こんな採集もときにはあるのだ。

ちなみに、これだけ時間をかけたにもかかわらず、砂はまだ半分以上残っている。残りはまたしても放置になってしまうのか。

map

奈良県香芝市。二上山ふもとの竹田川。国道165号を大阪方面に向かい「穴虫」交差点を左折したところ。

＊地図注
穴虫交差点を左折し、竹田川に沿って数百メートル進むと西池という小さな池がある。この先は私有地になっているところがあるため、トラブルにならないよう採集は池より下流でおこなうこと。砂の持ち帰りは最小限に。

第10旅

山の中ではアレに気をつけろ！

茨城県常陸太田市《ひたちおおた》の妙見山《みょうけんやま》

宝探しを始めてまだ間もないころ、山の中でカミさんはうずくまってしまった。じりじりと暑い真夏日だった。

最近、マイナスイオンが出るとか枕に入れて安眠できるとかお風呂に入れて温浴効果を高めるとか、ちょっと**効能がインフレ気味のトルマリン**。

和名を電気石というこの石には多くの種類がある。

代表的なものには鉄電気石（ショール）とリチア電気石（エルバイト）がある。枕に入っているトルマリンは鉄電気石の方。この石は分子の中に鉄を含んでおり一見石炭にも見えるほど真っ黒で、わりあいよく見かける。

それに対し、鉄がリチウムに置き換わったリチア電気石は珍しい。宝石店でジュエリーとして売られているトルマリンはこちらの方。

このリチア電気石を産出する場所は茨城県里美《さとみ》村。現常陸太田《ひたちおおた》市の妙見山《みょうけんやま》である。

茨城県というところは、ガーネットの「山の尾」や水晶・トパーズの「高取鉱山」「錫《すず》高野《こや》」など、数多くの鉱山が点在し、採集できる鉱物の種類も様々だ。鉱物採集家たちにとって西の聖地が岐阜県だとしたら、**茨城県は間違いなく東の聖地**といっていいだろう。

さて話は3年前の夏のこと。

まだ宝探しを始めて間もなかった私たちは、行きさえすれば何とかなると、妙見山に向

トルマリン（和名／電気石）◆熱したり擦ったりすると静電気を帯びる性質を持つことから電気石という。含む元素により10種類ほどに分けられる電気石の中で、リチア電気石の美しいものだけがカットされ宝石店に並ぶ。10月の誕生石。

かった。

その日はうだるような真夏日。クルマのエアコンを全開にしていてもガラス越しの日差しが痛いような暑さだった。カミさんはジュースやアイスをドカ食いして熱気に耐えていた。

里見牧場に向かう舗装された林道から未舗装路に折れ数十メートル。右側に車を2～3台停められる広さの場所があり、そのちょうど向かい側に妙見山に入る林道がある。

車を停めハンマーとタガネを取り出す。これらは今回トルマリンを採るためにホームセンターで新調したものだ。それまで私たちは土を掘り出し、それを水場でフルイがけをして探すスタイルだったのだが、ここのトルマリンは大きな石にくっついてるモノを少しずつタガネで割りながら採集しなければならない。タガネを使うのははじめてだが、自分の指を叩かないように注意してさえいれば問題はないだろう。

妙見山の林道に足を踏み入れると、その中は大きく育った杉の木で薄暗いほどだった。

「気持ちいいねー」

「ホント、山の中ってこんなに涼しいのねー」

車の中でバテバテになっていた私たちは、ヒンヤリした空気を吸い込み一気に元気を取り戻した。見上げると遥か頭上に青空のカケラがのぞいており、木漏れ日が地面をわずかに照らしている。林道を歩く足取りも軽かった。

しばらく歩いたところで道がなくなり一気に斜面の角度が増した。そのあたりから足元に**白っぽい石が落ちている**ことに気づいた。

白い石は上に行くに従ってどんどん増えていき、途中からは地面がまったく見えないほど転がっている。そしてそれが数十メートル続き、それより上には石がない。どうやらそのあたりがペグマタイトの露頭《ろとう》のようだ。

ペグマタイトとはマグマが地下深くで固まるときに、最後に残されたガスや液体が長い時間をかけて固まったモノで、そこからいろいろな宝石が採集される。

いわば**ペグマタイトこそが宝石の母**なのだ。

足元の石をひとつ取って日をあてると、ピンクの細かい結晶が見えた。これがトルマリンかとも思ってみたが、カミさんによるとリチア雲母という雲母の一種らしい。

私たちは急な斜面と転がる石に足を取られ手をつきながら、這い上がるようにしてペグマタイトの露頭に登った。角度としてはたいしたことはないのだろうが、振り返るとまるで垂直の壁を登ってきたように思える。

ペグマタイトは歯ぐきから飛び出し伸びている最中の親不知《おやしらず》のように斜面から顔を出していた。表面にはあまり出ていないが、地下深くまで続いているのだろう。

「まずはじっくり観察してトルマリンを探そっか」

これまで、ここからトルマリンが採集されてきたのなら、どこかに顔を出している結晶があるのではないだろうか。私たちは露頭に顔をつけ手でぺたぺた触りながらなめるようにトルマリンを探した。

「これは違うかな」

「うん」

「これも違うよね」

「うん」

ふと足元に目をやったとき、マッチ棒を半分に折ったほどの青い結晶が見つかった。

「これだ、間違いない」

不思議なもので、ひとつ見つけてしまえば、あちこちに顔を出している結晶が見つかった。

新品のタガネを結晶の近くにあてる。彼女の説明によると結晶は分子構造の違いによりちょっとした衝撃で簡単に母岩となっているペグマタイトから外れるらしい。

指を叩かないようハンマーを少しだけ振り上げタガネの頭を叩こうとしたその瞬間、突然カミさんが唸りながらしゃがみ込んだ。

「うううう。お腹……痛い」

「ええっ！」

彼女は眉間に縦ジワを4本作り、ギュッと目を閉じたまま歯をくいしばっていた。

車の中での**ジュースやアイスがあたった**のだ。当然といえば当然だ。森の涼しさがそれに拍車をかけたのかもしれない。

「……トイレ行ってくる」

カミさんはお腹に手をあて、中腰のまま草むらに向かった。

山の中でのトイレといえば、穴を掘って用を足す。ティッシュは焼き、消火しておくのがルールだが、そのころはそんなことなど思いもいたらなかった。いや、知っていても、カミさんの状況はそれどころではなかったろう。後から来た人たちにイヤな思いをさせたかもしれない。反省。

トルマリンはびくともしない。**話**が**違**うじゃん！

「あのさ、帰った方がいいんじゃないかな」

トイレを済ませて戻ってきたカミさんにいちおういってみた。

「ヤダ！　せっかく見つけたところなんだから絶対持って帰る」

「場所もわかったんだし、また来ればいいじゃん」

「いいの、へーき！」

「でも、絶対また痛くなるって」

「大丈夫なの！　早くやって」

強情っぱりのカミさんに見つめられながらタガネを叩いた。

ところが、いくら叩いてもトルマリンは外れてこない。強く叩いても角度を変えても露頭にほんのちょっと傷がつくだけで、外れる気配がまったくない。

挙げ句の果て、ちょっと手を滑らせた拍子にタガネがトルマリンの脇をかすった。

「キャー！　何やってんの。ちゃんと丁寧にやってよ」

私の手際が悪いことに、カミさんがちょっといらつき始めた。

あらためてタガネをあてる。が、今度はタガネがトルマリンを直撃してしまった。

「ギャーッ！　何てことしてくれんのよ！　どうしてそんなことするの。叩く場所変えるとか割れそうなところを探すとか、もうちょっと工夫できないの?!　よく考えてやってよ」

ついにカミさんが怒り出してしまった。だが、私だってこんなことをいわれて黙っていられるわけがない。私はハンマーとタガネを彼女の足元に投げつけた。

「じゃあ、オマエがやってみろよ!!」

私たちはしばらくにらみ合った。

「どいてよ！」

タガネをつかんだカミさんがまた別の結晶の近くにそれをあてた。

小さくハンマーを振り上げる。しかし結晶はビクともしない。少し力を強める。しかし次の瞬間タガネの先端がわずかにズレた。そして、まるでスローモーションのように結晶が砕け散った。

「あれ？」

おいおい、あれ？　じゃないだろ。

カミさんはそのひと言だけで次のトルマリンにタガネをあてた。が、結局何度やってもトルマリンは外れてこなかった。

「ぜんぜんダメじゃーん」

私は嘲笑うようにいってやった。

「うるさいわね！」

それにしても足元に無数に転がるリチア雲母の塊は、ここを訪れた採集家たちが長い年月にわたって割った結果であろうが、いったいどうやったらこんなに割れるのだろうか。きっとタガネひとつ使うにも熟練というものが必要であって、今日はじめてタガネを持った私たちにはどだい無理なことなのかもしれない。


不満足な結果にリベンジを誓ったけど……


「ねえ、山を下りよう」

「ヤダ！　まだ採集できてない」

「ヤダじゃないだろ！　もうぜんぜん動けないじゃん」

彼女は脂汗を滲ませ、お腹を押さえてうずくまったままだった。

「でも、せっかく来たのに」

「また来ればいいじゃない」

自分の体を顧みないカミさんの執着心は見上げたモノだが、そういっている間にも第二波、第三波が襲ってきているようだ。

「……わかったよ。帰るよ」

すでに体力を消耗しきり、まったく元気がなくなっていた彼女を支え斜面を下りることにした。

ところが、

「待って……石、持ってくの」

なんと、彼女はこの期に及んでまだ石を持っていくというのだ。

「ええっ⁈　石って何の石だよ」

「あのね、落ちてる石の中にもトルマリンが入っていると思うの」

私はあらためて足元の石を調べてみた。すると彼女のいうとおり、中にトルマリンを含んでいる石がいくつも見つかった。

「そのまま持って帰って家で見るの。持てるだけ持って」

私はリュックに石を詰め込んだ。

「重い？　ごめんね……」

「別に」

「うん、それでね、もう一回トイレ」

＊

妙見山のペグマタイトは日本に数カ所しかない珍しいタイプということで、1年ほど前に**国の天然記念物に指定された。**役所に問い合わせてみると、山に入ることはできるが持ち帰ってはならなくなったそうだ。妙見山にリベンジを誓っていたのに、もう採集できないのは、残念だ！

でも私たちの採集スタイルは「フルイがけ」。タガネはこのとき以来ほとんど使っていない。ムリして使ってもあまりうまくいかないかもしれないな。

郵 便 は が き

料金受取人払郵便

京橋支店承認

6548

差出有効期間
平成23年 7 月
20日まで

104-8790

905

東京都中央区築地7-4-4-201

築地書館 読書カード係 行

お名前	年齢		性別	男・女
ご住所 〒 tel e-mail				
ご職業（お勤め先）				

購入申込書 このはがきは、当社書籍の注文書としてもお使いいただけます。

ご注文される書名	冊数

ご指定書店名　ご自宅への直送（発送料200円）をご希望の方は記入しないでください。 tel

読者カード

ご愛読ありがとうございます。本カードを小社の企画の参考にさせていただきたく存じます。ご感想は、匿名にて公表させていただく場合がございます。また、小社より新刊案内などを送らせていただくことがあります。個人情報につきましては、適切に管理し第三者への提供はいたしません。ご協力ありがとうございました。

ご購入された書籍をご記入ください。

本書を何で最初にお知りになりましたか？
□書店　□新聞・雑誌（　　　　）□テレビ・ラジオ（　　　　　　）
□インターネットの検索で（　　　　　）□人から（口コミ・ネット）
□（　　　　　　　）の書評を読んで　□その他（　　　　　　　　）

ご購入の動機（複数回答可）
□テーマに関心があった　□内容、構成が良さそうだった
□著者　□表紙が気に入った　□その他（　　　　　　　　　　）

今、いちばん関心のあることを教えてください。

最近、購入された書籍を教えてください。

本書のご感想、読みたいテーマ、今後の出版物へのご希望など

□総合図書目録（無料）の送付を希望する方はチェックして下さい。
＊新刊情報などが届くメールマガジンの申し込みは小社ホームページ（http://www.tsukiji-shokan.co.jp）にて

map

茨城県常陸太田市。
産地である妙見山は現在、見に行くことはできるが、採取して持ち帰ることは禁じられています。

第11旅

扉はいつも背後から開く

新潟県佐渡ヶ島の砂金探し

砂金を採集に佐渡島にやってきた。悪戦苦闘のさなか、背後で呼ぶ声がする。金よりも素敵な鉱物をめぐる物語が始まった。

「次、そこの砂取って」

カミさんが指さしたところは、水面ギリギリに生えている雑草の根元。砂金は川底に平均してあるわけではなく、植物の根っこなどに絡みついている場合が多い。

その砂をスコップで取り、カミさんの持つパンニング皿に入れる。パンニング皿とは、ちょうど宅配ピザのLサイズくらいの黒い大皿で、これを流れのなかに沈め、軽く揺することによって砂金を採取する専用道具だ。比重の小さい砂はすべて流れ出すが、比重の大きな金は流れない。つまり最後まで残る光る粒が砂金なのである。この方法は「椀がけ」ともいい、砂金探しでは最もポピュラーなやり方だ。

「うーん、ないね」

またしても砂金は入っていなかった。そう簡単に見つからないことはわかっているけれど、いいかげん腰は痛いし、背伸びをすると立ちくらみまでしだした。そろそろ見つかってはくれないだろうか。

次の砂をパンニング皿に入れゆっくりと沈める。砂の大部分が流れ出たところでカミさんが皿をのぞき込み動かなくなった。

「あっ、あった。これよ」

パンニング皿を差し出す。

「見て、2粒もある」

「うわあ、ホントに金色だ」

皿に残った真っ黒い砂鉄のなかに、日の光を受け燦然と輝く粒がそこにあった。

「でも、ちっちゃいねー」

確かにその砂金は小さかった。だが前々回に紹介した奈良県のサファイアよりは確実にデカイ。少なくとも1ミリ近くはある。

小さなビンに水を張り、そっと砂金を沈める。太陽にかざすとそれが水に揺れ、キラキラと黄金色に輝いた。

「はー、キレー。**やっぱり金よ、金がサイコーよ！**」

台風一過の新潟県佐渡ヶ島。昨日まで大荒れだったけど、今日は快晴。暑いくらいの秋晴れだ。

私たちはここ佐渡ヶ島に流れる、ある川の河口で砂金を採っている。そしていまついに2粒を見つけたのだ。と、いつもならばここで話は終わりである。ところが今回はこれが話の始まりなのだ。

金（ゴールド）◆金には川で採れるものと鉱山で採れるものがあり、前者を「砂金」といい後者を「山金」という。日本では昔から産出が多くいまでも各地で見つかる。化学変化しないため古代エジプトなどでは永遠性の象徴として王墓の副葬品に用いられた。

再び同じ場所にスコップを差し込んだ。前述のとおり、砂金は1カ所に固まっている場合が多い。1粒見つければ同じ砂の中から連続して見つかる可能性が高いのだ。

「次いくよ、お皿準備して」

砂を掘り出し、パンニング皿に入れようとしたそのとき、背後で私たちを呼ぶ声がした。

「ねえ、何やってるの？」

私ね、金なんかより、もっといいもの持ってるよ

振り返ると、そこには日焼けの跡がまだ残る、小麦色の顔をした小学校高学年くらいの女の子が立っていた。

「ねえ、もしかして砂金採ってるの？」

「そうよ、私たちこの川で砂金を探してるのよ」

カミさんがパンニング皿を見せる。

「へえー、砂金ってホントに採れるんだ」

その子が不思議そうな顔をした。

「ここ、砂金で有名なところよ。知らなかった？」

「ううん。知ってるけど、探してる人を見たのはじめてだったから」

そうなのか。もしかして**「佐渡イコール金」**と思っているのは私たちのような人間だけなのかも。

「でも見て、これいま採った砂金よ」

さっきのビンを手渡す。

「へぇぇー、本当だ。みんなもう採れないっていってたのに」

しばらくそれを見ていた彼女がニコッと笑って私を見た。

「ねえ、私もやっていい？」

「もちろん」

パンニング皿の１枚を渡す。

「そうそうお名前教えてくれる？」

「うん、サヤカだよ」

サヤカちゃんは地元の小学6年生。この河口付近が彼女の遊び場だそうだ。ジーンズの裾をめくり、川の中に入ってきた。

「台風来たから水多くなってる」

そういってちょっとふらつくサヤカちゃんに砂を渡す。

「はじめて？」

「うん」

「じゃ、このお姉さんと同じようにやってみるといいよ」

サヤカちゃんはカミさんの手際を見ながらゆっくりお皿を回した。

「うわー、おもしろーい。どんどん砂が減ってくう」

サヤカちゃんはパンニング皿の扱いがなかなか上手だった。

「なかったよ」

カミさんは空振りだったようだ。次の砂を入れる。しかしそこにも砂金はなかった。その後しばらくパンニングを続けたが、サヤカちゃんの皿にもカミさんの皿にも砂金は見つからなかった。

「あー、もうヤメ。キューケー」

先に音をあげたのは、カミさんの方だった。

「じゃあ、私もキューケー」

サヤカちゃんもそれに続く。私たちは河原に座り込んだ。

「砂金って見つかんないんだね」

サヤカちゃんは残念そうだ。

「そうだね。砂金って**1日やって5〜6粒**見つかればいい方って聞いたことあるよ」

「ふーん、そうなんだ」

お菓子を食べながら学校の話や友だちの話をしているうちに、サヤカちゃんが思いもかけないことをいった。

「私ね、金なんかよりもっといいもの持ってるよ」

「なあに?」

「うん、アメジスト」

「ふええーっ?! アメジスト? **アメジストって拾ったの?**」

カミさんがちょっと大げさと思えるくらいの声をあげた。

「うん、すぐそこの海岸にいっぱいあるよ」

「ええーっ!! すぐそこ?! アメジストって日本じゃ採れないはずよ!」


アメジスト(和名/紫水晶)◆水晶の仲間で微量の鉄と天然の放射能によって紫色に発色する。数ある鉱物の中でも紫色をしたものは少なく、有名なのはこれだけ。紫色は冠位十二階にもあるように高貴な色として昔から珍重されている。2月の誕生石。

紫水晶がたくさん落ちている海岸

アメジストとは紫水晶のことである。無色透明な単なる水晶と違い、濃い紫色をしたアメジストだけはその美しさから宝石として加工されている。

いまのところ日本でアメジストは見つかっていない（＊）。近いものとして薄い桃色のものや薄い茶色のものが見つかっているくらいだ。

「えへ、見せてあげるね」

「え、持ってるの？」

「うん、キレイだからいつも持ってるんだ」

カミさんはこのとき「うわー、私の小さいときと一緒だ」と思ったそうだ。サヤカちゃんは将来、カミさんのようになってしまうのか。良いのか悪いのか少し心配だ。

彼女はポケットをゴソゴソすると、親指くらいの**紫色の石**を取り出した。

「えぇーっ！　何この色、こんなに濃い紫って外国産と変わんないじゃない！」

それは川でもまれて角こそ取れていたが、明らかに水晶独特の先端のとがった六角柱を

＊BE-PAL連載時に「アメジストは日本で見つかっていない」と書きましたが、その後の取材で、過去・現在においても見つかっていることがわかりました。訂正しお詫びいたします。そして、ついに第18旅にてアメジストを探しに行っています。

していた。

「ねえ、サヤカちゃん。そこに案内してもらうことできない？」

「いいよ、すぐそこ」

サヤカちゃんとカミさんは河口に向かって歩き始めた。

おいおい、パンニング皿もスコップもそのままじゃないか。私は急いで取りまとめ後を追いかけた。

「ここだよ」

そこは河口から続く小さな石の海岸だった。

「ホラ、これだよ」

早速サヤカちゃんが足元の石をひとつ拾い上げた。

「はい、あげる。こんな感じでいっぱい落ちてるから」

海岸を歩き回ると、親指の爪ほどの紫水晶がたくさん落ちていた。しかし、どれも波にもまれて結晶面がない。

「きれいなのが欲しかったら、あっちの方探すといいよ」

サヤカちゃんが指さしたのは、防波堤の下。そこには拳よりも大きい石がゴロゴロ転がっていた。

「私そこで探してみる」

カミさんは駆け寄っていった。

それにしても、これらの紫水晶はどこから流れてくるのだろうか。サヤカちゃんがいうには、河原にも川の向こう側の海岸にもないらしい。ということは産地はこの上流ではないということになるのだが。いったいどこから……。

「あーっ、これ結晶が立ってる！」

カミさんが大声を張り上げながら、こっちに向かってきた。

「ホラ、見て！」

彼女は紫の帯の入っている拳ほどの大きさの石を見つけていた。紫の部分には穴があいており、その中には小さいけれども紫色の結晶がたくさん立っていた。

「これはハッキリした紫水晶だね」

「もっともっときれいなのもいっぱい見つけたよ。一番いいのはね、学校の保健室に飾ってあるんだ」

サヤカちゃんが自慢げにいう。

この場所は、探せばかなりのモノが見つかるのだろう。しかし残念、そろそろ時間切れだ。夕焼けが私たちを赤く照らし始めている。

「そろそろ帰る時間だよ」

ふたりはちょっと寂しそうな顔をした。

「……ちょっと待ってて」

サヤカちゃんが急に走り出した。

そして数分後、両手のひらを横に並べたくらいのハート形のかごを持った彼女が走ってきた。

「これ、おみやげ。全部あげる」

その中には大小の紫水晶がギッシリと詰まっていた。

「ホント⁈　いいの？」

「うんいいよ。だって私、もっといいのいっぱい持ってるもん」

サヤカちゃんはニコニコしながらそれを差し出した。

「ありがとう！　紫水晶って本当にすごいのよ」

カミさんがこの石のすごさを彼女に力説している。

ところで、こんなにきれいな紫水晶なら、さぞ多くの人たちが訪れているのではないだろうか。

「ううん、誰もいないよ。探してる人なんて見たことないよ」

すでに海岸は薄暗くなっていた。いよいよサヤカちゃんとお別れしなければならない。次いつ来られるかわからないが、きっとそのときは彼女に会いに行くだろう。

「じゃあね。また会おうね」

「うん、またね」

私たちは再会を約束し車に戻った。

「じゃーねー。バイバーイ」

カミさんが助手席から身を乗り出し手を振っている。ミラーにはサヤカちゃんの姿がいつまでも映っていた。

第12旅

頼るべきは石友なり

岐阜県「洞戸《ほらど》鉱山」

雪も消え、今シーズンの初の宝探し。今回は現地で人との出会いを期待しなくてもいい。心強い味方、石仲間がいるから。

わが家の周りに残っていた雪が完全に消えた3月下旬。岐阜県にある洞戸《ほらど》鉱山（＊）へ採集に行こうと計画を立てた。

この洞戸鉱山で見つかる**「透輝石《とうきせき》」**は古代の剣のような形をした結晶で透明な草緑色をしている。「透明な草緑色」というのは地味な色合いに思えるが、図鑑で見る限り落ち着いたいい風合いだ。

私は雪の具合を確認しようと名古屋の大川さんに電話をした。大川さんは以前パイロクスマンガン石を採りに行った愛知県の田口鉱山で出会った50代のご夫婦だ。思えばあのとき誰もいなくなったズリで私たちは途方に暮れていた。もし大川さんが来なければ、手ぶらで帰る羽目になっていたことは間違いない。ご夫妻とはそのとき以来連絡を取り合っている。

「連休に洞戸に行こうと思ってるんですけど、雪の具合はどうでしょうか」

「はいはい、ぜんぜんないですよ。じつはね、私たちも今度の連休に洞戸の近くに行くんですよ。どうせですから一緒に行きましょう」

これはありがたい。行ったことのない産地は、よく知っている人に案内してもらうのが最善の方法だ。私は即座にＯＫの返事をした。

＊洞戸鉱山跡に関するお問い合わせは、関市洞戸事務所・環境経済係（☎0581-58-2111）。

「それでね、連休でしょ。その近くにいいところがあるんですよ。いましか行けないところですから、初日はそこへ行きましょう」

「いいですよ。それで何が採れるんですか」

「**緑色の水晶**なんですよ」

「へえ、緑の水晶なんてあまり聞かないですね」

「もともとは灰鉄輝石《かいてつきせき》の産地なんですけどね、去年石友《イシトモ》の林さんって方が見つけたんですよ」

　隣にいるカミさんが「行く行く」とうるさい。

「その林さんもご夫婦で来られますから、みんなで楽しみましょう」

「はい、よろしくお願いします」

　自分でいうのも何だが、採集に関しては以前よりだいぶ成長したと思う。石仲間も増え情報も得られるようになった。最初のころのように「そこで誰かに出会うこと」を期待するのはそろそろ卒業だ。


透輝石（ダイオプサイド）◆剣のような形をした平板状の結晶。洞戸鉱山で採れるものは日本一美しいといわれる。硬度が低く割れやすいため、カット研磨されることはない。

採れた緑水晶をなぜかすべてくれるありがたさ

　ワタクシ成長したなんて錯覚でした。

　やはり経験の浅い若輩者です。まさかこんな場所に連れてこられるとは思ってもいませんでした。ハッキリいって**この斜面急すぎです。**

　はじめは森の中を歩くちょっときつめのハイキングという感じでした。灰鉄輝石が採れるというところまでは少し汗が滲んだ程度でした。しかし、その先にあるという緑水晶の産出場所。まさかこんな斜面の遥か彼方にあるなんて。

　見上げると、まばらに杉の木が生えているだけの赤茶色をした斜面である。雪があれば小さなスキーゲレンデのようにも見えるが、**「転んだら絶対に止まらない」**ことだけは確信できる。

　手をつきながらジグザグに登っていく。ところどころに生えている杉の木の枝をつかまなければ方向転換ができない。

　ところが、そんな斜面を大川さんも林さんも奥さんたちも、まるでここまでの続きのよ

緑水晶（グリーンクオーツ）◆透明な鉱物に色が付く原因はいろいろあるが、ここの水晶は無色透明なものの中に、緑色をした針状のまったく別の鉱物が内包されることにより緑色になっている。産地によりさまざまな鉱物が入るが、それがその産地の特徴となる。

うにかるーく登っていく。何度も来ているだけあって慣れているのだ。

「ここがてっぺんです。ここまで来ないとないんですよ」

振り返ると隣の山の頂上が目線と同じ高さにあるように見えた。

「その山の向こう側が洞戸です。明日ご案内しますよ」

大川さんが指さす。

「最初はこんなところに緑水晶があるなんて思ってなかったんですよ。でも下で1本見つけてね。そしたら上から転がってきたって思うじゃないですか。もうちょっと上、もうちょっと上、って探すうちにこんなところまで来ちゃいました」

頭に手をやって照れる林さんだったが、きっとこれが**採集家の執念**なのだ。

「ここ、この前来たときに掘ったんですけど、結構出ましたよ」

斜面に大きな横穴があいていた。その掘り口に立つと正直ホッとした。そこだけが水平だった。

緑水晶が出てくるのは拳ほどの石が層を作っているところ。その層に沿って男3人が交代で掘り進める。掘り出された土の中から水晶を探すのは女性たちの仕事だ。

一番パワフルなのは林さんである。私より年上であるにもかかわらず、ザクザクと掘り進めていく。私はというと、登ってきただけですでに力つきていた。

「あった！」

林さんの奥さんがひとつ目を見つけた。それはちょうど小指と同じサイズで全体に土がかぶっていた。「これはきれいですね。辰尾さん、どうぞあげますよ」

指で土を落とし色を確認した林さんが、それを私に差し出した。

「いいんですか？」

「いいんですよ。このくらいのはいっぱい出ますから」

その言葉どおり次々と緑水晶は見つかった。大きなモノは中指以上。時間さえあればいくらでも見つけることができそうだった。そして水晶が出るたび、なぜか全部くれた。

「群晶を探してるんですよ。母岩からいっぱい立ってるやつ。だから**1本のはいいんです**」

なるほど。単純にいらないから私たちにくれているのか。

「林さんはね、去年60本も立ってる群晶を見つけたんですよ」

「やめてくださいよ、そんなに立ってませんって。**数えたら50本でした**」

そこまでいったら、50本も60本も一緒だ。

「そんなのがまた出ないかと思ってね」

なんかぷよぷよしたモノがいっぱいあるんだけど……

そんな話をしていると、カミさんが土の中から小さくて丸い変なモノを見つけ、手のひらにのせて遊んでいた。

「なんかぷよぷよして気持ち悪いの。ほかにも結構あるんだけど」

それを指でつつきながら林さんに見せる。

「それ蛭《ひる》です」

「!!」

カミさんが腕をブンブン振り回してパニックになっている。

「いや、ここはね、じつは**蛭の大群**がすんでるんですよ」

蛭っていうと、人間にくっついて血を吸うアレか。ひー。

「そうです。岩に手をついてよいしょって登るでしょ。顔を上げると一面蛭だらけなんですよ。だいたい手のひらの広さに1匹くらいの密度で。それが立ち上がってクルクル首をまわしてるんです」

林さんは蛭の恐怖を語ってくれた。

「休憩してると私めがけてジワジワよってくるんです。こう、尺取り虫みたいに。振り返ると後ろにもいるんですよ。蛭に囲まれてるんです。それで逃げようとして思わず木の幹をつかんだら、上からボタボタ落ちてきまして……」

「私も車を運転してたら足がチクッとしたんですよ。ズボンめくったら噛まれてました。知らないうちにつれて帰ってきてたんですね」

大川さんも負けじと話す。

「いまは大丈夫。まだ冬眠してます。でもあと2～3週間で出てきますよ。そうなったらもう……ね」

しかし、それにしてはふたりとも楽しそうだ。まるで**蛭自慢**をしているように聞こえる。きっと緑水晶の前では蛭の被害も武勇伝になってしまうのだ。それも採集家の執念か。若輩者には理解困難であります。

得意のフルイがけで透輝石をゲット！

「こ、ここは蛭いないんですか」

「不思議なもんでね、この山にはいないんですよ」

　蛭の恐怖もさめやらぬ翌日、大川さんに案内され本来の目的地である洞戸鉱山跡へとやってきた。今日は林夫妻は一緒ではなく、私たちと大川夫妻だけである。

　この鉱山跡は採集家のあいだではかなり有名なところだ。坑道は沢に沿って2カ所あり下流が梅保木《うめほぎ》坑、上流が杢助《もくすけ》坑と呼ばれている。梅保木坑のズリで採集できるのは緑色のガーネット。そして杢助坑で透輝石を見つけることができる。向かうのは杢助坑だ。

「ああ、足が上がらない」

「私も……」

　昨日の斜面のせいで腿が筋肉痛である。たいしたことのない斜面に手をつきながら登っていくのは何とも情けない。そんな私たちに比べ大川さんはまるで何事もなかったかのように進んでいく。

鬱蒼とした森の中を沢に沿って登る。快晴ではあるが木漏れ日ひとつ差し込まない。早くも肌寒くなってきた。

「ここがズリになります。みなさんここで探してますね」

ズリとは鉱山が稼働しているときに目的の鉱物と一緒に出た不要物を捨てた場所のことである。

「昔は3センチくらいの結晶がたくさんあったらしいです。でもいまは1センチが精一杯ですね」

どんな鉱物でも「昔は……」という話はよく聞く。しかし、自分で新しい産地を開拓できない以上、後追いになってしまうのは仕方がない。

「このズリをですね、よーく見ていくと**光の加減でキラッと光る**んですよ、それを探してください」

大川さんが、こんな感じとばかりに地面に顔を近づけ探し方を教えてくれる。

「こんなところですかね。じゃあ、私はこれで帰ります」

自営業である大川さんは、祝日であるこの日も午後から仕事があった。にもかかわらず私たちのために洞戸を案内してくれたのだ。昨夜もご自宅に泊めていただいたうえ、私は途中で力つき寝てしまったが、カミさんとはかなり遅くまで石談議に花が咲いたようだった。あらためて感謝である。

ふたりだけになるととても寂しい感じがしてきた。光も届かず寒い森の中に、かすかに聞こえる沢の音がそれを強調させている。

教えてもらったとおり、表面を見てみるがなかなかそれらしき結晶は見つからない。坑道の中をのぞいてみても真っ暗なだけである。

やはりここは得意なフルイがけだろう。表面にあるのならその土ごと持ってきてフルイにかければ、余分な土が落ちて結晶が見つけやすくなる。

細かい目と粗い目のフルイを2段に重ね、大きめの石を取り除く。残った中から透輝石を探すのはカミさんの役目だ。

「あった‼」

さっそく1回目から透輝石が見つかった。読みが当たったようだ。形もちゃんと剣の形をしている。

その後も結晶はポロポロと出てきた。何とか1センチのものも見つかった。しかし、もう寒くて寒くてガマンできない。

「もういい、これで帰ろう」

これ以上いたら絶対風邪を引いてしまう。荷物をまとめさっさと山を下りることにした。林道に戻ると、日の当たっていた車の中はポカポカに暖まっていた。

＊

最近、みんなでおこなう採集がとっても楽しい。手分けして探せば見つかる確率も増えるし、お弁当だっておいしく感じる。

そして何よりも安心感があるのだ。もし事故にあっても最悪の事態は避けられる。ワイワイガヤガヤしていれば、きっとクマだって遠慮してくれるに違いない。

第13旅

宝石珊瑚を求めて四国へ

高知県土佐清水市竜串《たつくし》周辺

鉱物ばかりが宝石ではない。海に生息する珊瑚も立派な宝石なのです。行ってきました、いざ四国へ！

宝石店に並ぶ真っ赤な石といえば誰もがルビーを想像するだろう。

しかし、もうひとつ真っ赤な石がある。先日カミさんに連れられて宝石を見に行ったとき、彼女がある指輪の前で動かなくなった。

「きれいでしょう。これはね、**血赤珊瑚**《ちあかさんご》っていうの。珊瑚はね、鉱物じゃないけど真珠と同じ有機質宝石っていって日本で採れるのよ」

「へー、そうなんだ」

「これ欲しい！」

「えっ！　そんなお金ないよ」

「ちがうの！　これを採りに行きたいの」

「えーっ!!」

鉱物採集を始めてからの彼女は「買う」前に「採る」ことが話の大前提になっていたのだ。

「珊瑚といったら沖縄かしら」

「そんなところまで行けないよ」

「じゃあ九州？」

「やだよ、車で行くんだろ。遠すぎだよ」

私たちはそこが宝石店の中だということも忘れ、産地の話に熱中してしまった。すると、私たちの話が聞こえたのだろう、ひとりの店員が話しかけてきた。

「**珊瑚といえば高知県**ですよ。いまでも年3回取引がおこなわれていますし、海岸にも流れつくって聞きますけど」

カミさんの目が広がった。

「それよ！　行こうよ高知。四国だから九州より近いじゃない」

ええっ!?　「近い」の基準が無茶苦茶だ。

そんな話は……聞いたことありませんな

「珊瑚なんてもう採れませんよ」
「いやあの、海岸に打ち上がるって聞いてきたんですけど……」
「ああ、それは何十年も昔の話ですよ。いまはそんなことありません」
はりまや橋近くの珊瑚店で聞いた話に私たちはうろたえた。ここはすでに高知市。ここまで来て「ない」なんていわれても、それでは困るのだ。

だが、いくら「ない」なんていわれても、それをそのまま信じるわけにはいかない。私たちは気を取り直し、高知市街から一番近い桂浜に行くことにした。

桂浜といえば坂本龍馬の銅像が遠く太平洋を見据えている弓なりの石浜だ。龍馬像の足元を通り桂浜に下りる。海岸には大勢の観光客が訪れていた。

と、そのなかにひとりだけビニール袋を持って**何かを拾っているオジサン**がいた。もしかしたら珊瑚を拾っているのかもしれない。

「何探しているんですか」

「石です。庭石にするんですよ。ここの石はきれいじゃけんね」

なるほど。桂浜は「白砂青松の五色浜」と呼ばれるほど、色とりどりの石がある美しい海岸なのだ。が、そんなことよりも**珊瑚だ。**

「この辺で珊瑚が採れるって聞いたんですけど」

オジサンは少し首をかしげた。

「そんな話は……聞いたことありませんな。どこか違うところの話じゃないですかね」

ガーン！

駐車場に戻る足取りは重かった。ここまで来ていきなり手詰まりの状態だ。何か方法はないのか。

「ねえ、高知市の市役所にでも問い合わせてみない。観光課とかだったら何かわかるかもしれないよ」

それだ。もうそれしか方法はない気がする。私たちは藁をもつかむ思いで市役所に電話をした。そしてその電話こそがこの旅の方向を決定づけることになったのだ。

「高知市ではムリでしょう。そおぉぉぉですねえ、私が聞いた限りでは確か竜串《たつくし》には打ち上がるということですが。すぐ沖に珊瑚礁がありますから、そこから来るんでしょう」

そこだ！　そこへ行くしかない。竜串は高知県の西の端、足摺岬のさらに西側にある。ここから先、竜串までいったいどれだけかかるのだろうか。しかし行かずにはおれない。私たちは顔を見合わせうなずいた。スーパー宝探し号のエンジンが吠える。何としてでも今日中に竜串にたどり着くのだ。

地元の人は珊瑚にまったく興味がないのか？

「いらっしゃーい。あら、ずいぶん遠くから来たのねー」

富山ナンバーの軽自動車に驚きながら迎えてくれたのは「竜串苑《たつくしえん》」という民宿の女将さん。私たちは竜串でも最も海岸に近い民宿に予約を入れていた。

「珊瑚？　んー、ないことはないと思うんだけど……」

部屋に案内された私たちは早速話を聞いてみたが、女将さんはなぜか言葉を濁した。

「ねえ、大丈夫かなあ」

カミさんが少し気にしているようだが、「ないことはない」っていうのは「ある」ってことなんだ。

翌朝、夜明けとともに海岸に下りる。長く伸びる影のほかに人の姿はない。空はわずかに紫色を残している。さすが南国、4月の初旬であるが寒さは感じない。

竜串の海岸は徒歩数分で先端まで行けるような小さな岬をつなぐように、弓なりの浜がいくつも並んだ海岸線をしている。

「あっ、タカラ貝が落ちてる。私タカラ貝大好き。これも拾ってく」

貝殻を拾いながら波打ち際を歩いていると、ところどころにある岩場の隙間に珊瑚が少したまっていた。しかし、それは思っていたような真っ赤な珊瑚ではなく、真っ白で細かい穴が無数にあいた石のような珊瑚だった。

「こういうんじゃないのよね。赤くて木の枝みたいな形で表面がツルツルの珊瑚が欲しいの」

赤い珊瑚はまったく見つからない。枝っぽいものも多少はあったが、波にもまれてどれも骨のような感じになっていた。

そのとき、朝の散歩なのかおばあさんがひとり私たちに向かって歩いてきた。

「珊瑚？　そんだったら隣の海岸に行ってみなさい。**そこは珊瑚だらけや。**いーっぱい落ちとる」

「隣ですね。わかりました。さっそく行ってみます」

「それにしてもあんたら、**あんなもんが欲しいんけ。**ひらっとるもんなんかひとりもおらんぞ」

おばあさんはそういい残すと波打ち際に沿って去っていった。

最後の言葉がちょっと気になるが、朝食を済ませた後その海岸に行ってみた。そこはおばあさんのいっていたとおりだった。珊瑚は場所によって山のように積み重なり、日の光を受け真っ白に輝いていた。しかし、隅々まで探してみたつもりだが、目指す珊瑚はひとつも見つからなかった。

その後、出会う人ごとに「隣」「隣」と教えられ、最後は小才角《こさいつの》というところまで来てしまった。ここで見つからなければ、今日はあきらめるべきだろう。

それにしても地元の人は珊瑚にまったく興味がないのだろうか。そうでなければ、会う人、会う人、みんな違う場所をいうなんて考えられないのだが。

結局、珊瑚を見つけることはできなかった。気がつくと太陽はすでに傾き始めている。海岸を歩き回った足はガクガクになっていた。私たちはいったん竜串苑に戻り、しばらく休憩した後、近くにある珊瑚博物館へ行くことにした。

ホンモノの「お宝」をついに手に入れた

珊瑚博物館は1階がお土産売り場、2階と3階が博物館になっていた。博物館のお姉さ

んの案内で3階に上がる。最初に目に入ってきたのは両腕を広げたよりも大きく、そして真っ赤な珊瑚だった。

「これ！　これよ、欲しいのは」

カミさんが叫んだ。

それは、ひとつの太い幹から同一平面上に何本もの枝が伸び、その枝がまた何本にも分かれていた。

「私たちこの珊瑚を探してるんです！　どこの海岸にありますか！」

カミさんに詰め寄られたお姉さんが後ずさりする。

「海岸に落ちてますよね！」

しかし、彼女の答えは意外なものだった。

「こ、これはそれとは違います」

へ？

「あの、海岸に落ちている白い珊瑚は珊瑚礁を作る造礁珊瑚で六放珊瑚っていいます。それは宝石珊瑚ではありません。宝石珊瑚は八放珊瑚っていう別の種類なんです」

えええええ――っ!!

六放珊瑚◆珊瑚礁を形成する造礁珊瑚。石珊瑚とも呼ばれ石灰質の骨格を持ち、体内に褐虫藻が共生している。ポリプの触手が6の倍数でありイソギンチャクもこの仲間である。珊瑚と同じ組成を持つものに、貝殻、真珠、鍾乳石などがある。

なんと珊瑚には六放珊瑚と八放珊瑚の2種類があり、それらはまったく別物だったのだ。お姉さんがいうには、六放珊瑚は共生している褐虫藻に光合成をさせ養分を得ているが、八放珊瑚は動物プランクトンをとらえることで得ているらしい。

生息域についても日の当たる浅いところにすむ六放珊瑚に対し、八放珊瑚は100メートルから1000メートルの深海。

成長の速度も違う。六放珊瑚は年に10センチ近く伸びるが、八放珊瑚は1センチ伸びるのに数十年もかかるという。

そうだったのか。私たちはそのふたつを混同していたのか。なるほど。これでは**海岸で見つかるわけがない。**

「んー、そうともいいきれないです。半年ほど前、海岸で実際に拾った方がいらっしゃいましたから」

「そうなんですか！」

「ええ、でもめったにありません」

過去には確かに海岸に打ち上がっていたらしい。しかしその後の乱獲がたたり、いまではほとんど見られないとのこと。漁自体も、とりあえず網を降ろして運が良ければ引っか

八放珊瑚◆宝石珊瑚または本珊瑚と呼ばれ、血赤、ボケ、桃色、白などの色がある。ポリプに八本の触手を持つ。ただし八放珊瑚の中にも褐虫藻が共生し造礁珊瑚に分類されるものもある。また黒珊瑚は宝石として加工されるが六放珊瑚である。

かってくる程度だそうだ。

ということは、今後も珊瑚は減る一方なのだろうか。

「いえ、そうではありません。珊瑚が群生しているところを『曾根《そね》』というんですが、最近、室戸沖でそれが見つかったんです。それに海洋深層水研究所が水槽での飼育に成功していますから、もしかしたら、将来、珊瑚は真珠のように養殖になるかもしれませんよ」

＊

夕暮れの道を竜串苑に向かう。何だか張りつめていた糸が切れてしまったような感じだ。

部屋でくつろいでいると女将さんが何かを持ってきた。

「手を出して」

「え、何ですか？」

「はい。これ、やるけん」

「あっ、これは」

私の手のひらにはそこからこぼれ落ちそうなほどの、花の咲いたような六放珊瑚がのっていた。

「何十年も前の大潮の日に採ったんやけど。あんたたち、なんか一生懸命がんばっとったけんね」

女将さんがニッコリ笑っている。

女将さんが何十年も大切にしていたというこの珊瑚。そうだ、宝石になるものだけが「お宝」であるわけがない。赤い珊瑚ばかりを探していた私たちの心に、白い珊瑚の暖かさがジワッと染み込んできた。

つづく

map

高知県土佐清水市竜串周辺。足摺岬の西隣。日本の宝石珊瑚発祥の地。海岸沿いには珊瑚を持つ少女の像がある。

第14旅

石好きはそれだけで友だち

愛媛県新居浜《にいはま》市・四国中央市

四国では、珊瑚に続いて、パイロープ探し。鉱物ガイドとの巡り会い。本当の宝物は人とのつながりなのかも。

「珊瑚が欲しい！」というカミさんに引っ張られ、高知県の西の端である竜串《たつくし》までやってきた私たち。

このまま富山に帰ってしまうのはあまりにももったいない。ということで愛媛県の瀬戸内側にある新居浜《にいはま》市に寄ってみることにした。

「『マイントピア別子《べっし》』っていう道の駅があるのよね」

「マインって鉱山のことだっけ」

「そう、そこはもともと『別子銅山』っていう銅鉱山があったのよ。きっと跡地を利用した施設ね」

「ということは、銅鉱石以外の鉱物を捨てた**ズリが近くに残っている可能性がある**ってこと？」

「そう。でもね、ズリになんか行かなくても、すぐ近くの河原にいっぱいあるんだって」

「へえ、で、何があるの？」

「ガーネットよ。パイロープガーネット」

「パイロープ？」

「ガーネットには6種類あるんだけど、そのなかのひとつよ。色的には赤紫なんだけど、

パーロープガーネット（和名／苦ばん柘榴石）◆四国を横断する三波川変成帯から、緑色のオンファス輝石とともに産出する。パイロープとオンファス輝石からできている岩石をエクロジャイトといい、世界的に希少。宝石のロードライトガーネットは、パイロープに分類される。

結晶の中心がピンクなの。そんなガーネットほかにないわね。ま、割らなきゃわかんないけど」

松山自動車道を新居浜インターで降り、足谷川《あしたに》沿いを河原に下りられそうな場所を探しながら走る。いくつめかのカーブを過ぎたとき、異様な光景が目に入ってきた。

正面に見えるいくつかの山の一部が崩れ、まるで刃物で切り取ったように山肌が見えていた。

「きっと去年の台風で崩れたんだよ。何か出てるかもね」

鉱物採集家は**崩れたガケを見ると、**ついつい隠れていた鉱物が顔を出しているんじゃないかと考えてしまう。もちろん危険なだけなので行くことはないけど。

やがて車はガードレールの切れ目に到着した。

ハンマーを持って河原に下りる。

「んっとね。ほどよく風化した石が落ちてるんだって。それを割ったらガーネットが出てくるの。2センチくらいのも出るそうよ」

「ほどよく風化」とは、手で持っても崩れず、ハンマーで軽く叩くと割れる状態だそうだ。

「へー、それなら楽でいいね」

しかし山の河原なので細かい石よりも、とても動かせそうにない大きな石の方が目立った。

それでも拾えるくらいの大きさの石を手のひらにのせてみたが、ガーネットが入っているようには見えない。それより、ほどよく風化した石の気配すら感じない。

「ねえ、風化した石ってさ、ここまで来るあいだに粉々になっているような気がしない？」

「へ、なんで？」

「だからさ、大きい石の方が粉々にならずに残っているような気がするのよね」

考えが正しいかどうかはわからないが、とりあえず大きな石がたまっているところに移動してみる。するといくつかの大きな石の表面に無数の赤い斑点がついていた。

「これ！　この斑点がガーネットよ。表面が削られて模様みたいになってるけど、この中にいっぱい詰まってるはず」

早速解体に取りかかる。しかし、その石はまったく風化などしていなかった。ちょっとやそっと叩いたくらいではビクともしない。ふたりがかりで叩いても腕がしびれるばかりでキズひとつつけることができない。

「ねえ、ほどよく風化した石は？」

なんという偶然！　鉱山ガイドと河原で遭遇

「やあこんにちは。あなたたち石を探しているんでしょう」

振り返ると杖をついているが、背筋をピンと伸ばした初老の男性が立っていた。

「えっ、何でわかるんですか」

「**カンカンって音がしたからね。**そんな音を出すのは石探しの人しかいないよ」

「あはは、そうですね」

「私も鉱物が好きでね。いまは『マイントピア別子』でボランティアの鉱山ガイドをしているんですよ」

「そうなんですか！　じつはちょっといきづまってまして、もしよかったら教えていただけませんか」

「ちょうど調査を兼ねて散歩してたんですよ。私でよければいくらでも案内します」

やった！

「自己紹介しときます。私は曽我幸弘といいます。銅のことは何でも聞いてください。専門ですから」

曽我さんは7年前に工業高校の教職を定年退職された後、ガイドを始められたそうだ。

「じゃあ、いったんマイントピア別子に行って、そこでもう一度河原に下りましょう」

曽我さんとともにマイントピア別子に向かう。数分で到着したが、だいぶ山の中に入ってきたようだ。河原はずいぶん低くなった。駐車場に車を停め河原に下りる。曽我さんは杖をついているにもかかわらず、歩く速度が私たちより断然速い。

河原には鈍い輝きを放つ石が**いくつもキラキラしていた。**

「これが銅鉱石です。金色に光っていてズッシリ重いでしょ」

「ホントだ」

「坑道跡とズリはもっと上流にあります。去年まではここももっとたくさんあったんですよ。でも台風で流されてしまいました。ひどかったですよ、あなたたちも途中で見たでしょ」

それはさっき見た崖崩れのことだった。一番大きな崖崩れは、下にあった民家を何軒ものみ込んでいったという。幸い犠牲者は出なかったが、被害に遭われた方々はいまでも仮設住宅での生活を強いられているそうだ。

銅鉱石のなかから白い石を拾う。

「この白い石は何ですか」

「わかりません」

「え？」

「私は銅専門ですから」

あ、そっか。

「銅なら任せてください。完璧ですから」

「ガーネットについては何かご存じないですか」

「……私は知らないですねえ」

石好きの人が来ると、うれしいけんね

「もしもし、神野さん。いまですね、ガーネットを探してる方たちといるんですけどね、神野さんならわかるかと思いまして……。あ、はいはい、わかりました」

電話の先は曽我さんの友人である神野さん。石に関してはかなり詳しいとのこと。その方に私たちを紹介してくれるという。

「いまから来ていいそうです。すぐ近くですから行きましょう」

再び曽我さんを乗せて来た道を戻る。車は国道近くにある一軒の家の前で停まった。

「神野さーん。来ましたよー」

「はーい、庭に回ってくださーい」

裏の方から聞こえる声に従い庭に回ると、ジャージ姿の男性がいくつもの石をテーブルの上に並べている最中だった。

「いらっしゃい。庭ですいません、家の中はちょっとアレで……」

わが家もそうなのだが、たぶん家の中は**石ですごいことになっている**に違いない。

「こちらが神野裕之さん。『愛媛石の会』の会員ですから詳しいことは何でも聞くといいですよ」

「突然お邪魔してすいません」

「ええけん、ええけん。石好きの人が来るとうれしいけんね」

神野さんは初対面であるにもかかわらず、私たちを昔からの友人のように迎えてくれた。石好きは絶対的に少数なため、きっともうそれだけで仲間なのだ。そしてそれは私たちも同じである。

神野さんも定年後から鉱物趣味を始められている。暇つぶし程度のつもりが、いつの間にかドップリ浸かっている自分がいたそうだ。

「風化した石？　それなら四国中央市の関川の方やろうな」

「そうなんですか」

しかし、神野さんは別の場所がいいという。

「あそこのはアルマンディンガーネットなんや。それにな、石と一緒に風化してる。指でも簡単に崩れるけん」

「それじゃ面白くないですね」

「そうや。パイロープならずっと上流に行かんとな」

「そこっていまからでも行けますか」

「いまからだったらギリギリかな」

その場所はかなりの上流らしい。神野さんは時計を見て往復の時間を計算している。

「よし、行きましょう。そうと決まったら行動は早い方がいい」

「じゃ、私はこれで失礼します」

ここから先は神野さんのテリトリーである。曽我さんをご自宅に送り、関川上流に向かう。

「ずっと上流に行くと結構いいのがあるけん」

「それは楽しみですね」

林道はどんどん細くなり舗装もなくなった。ユサユサと揺られながらカーブを過ぎたそのとき、私たちの目にショッキングな風景が飛び込んできた。

「あちゃー、崩れてるわー」

土砂で林道が埋まっていたのだ。

「最近来てなかったけんなー、まいったなー」

林道はその先も崩れているように見える。もし、ここから歩いても時間がかかるうえに危険すぎる。

「すいません、ここまでこさせてこんなんで」

神野さんは申し訳なさそうに謝ってくれるが、**鉱物採集にはこれくらいはつきものだ。**

「ここにもあると思うけん、このあたりで探してみましょうか」

先に進むことをあきらめ、その場でパイロープの入っていそうな石を探すことにした。

「なかなかないと思いますが、薄緑の石を探してください」

よくよく探した結果、薄緑のような薄緑でないような、そんな石がいくつか見つかった。

「そろそろ戻りましょう。後は家で確認します」

心残りがあるが、いつかリベンジすることがあるだろう。

神野さん宅に戻り、拾ってきた石を庭のテーブルに並べる。神野さんの目がスキャナーのように石を見ていく。

「あ、これ入ってますよ」

神野さんが指さしたそこには、小さな結晶が顔をのぞかせていた。

「これですよこれ、**パイロープ**」

よく見ると結晶面も見えている。

「うれしい。あたしこれで十分よ」

カミさんの笑顔につられて、神野さんにも笑みがこぼれた。

「よかったです。じゃあ次、私のコレクションを見せましょう。さっきのだけじゃないんですよ」

神野さんは庭にある物置の扉を開いた。石談議は日が暮れても延々と終わることはなかった。

map

愛媛県新居浜市・四国中央市。
パイロープの産地である関川上流は、現在、台風による被害で入山は難しい。

第15旅

観光地ではお呼びでない？

千葉県銚子《ちょうし》市犬吠《いぬぼう》埼

それは鉱物採集２回目の出来事。ビギナーズラックはそうそう続くはずもない。本当はなかったことにしたいマヌケな話。

このお話は、私たちが行った2回目の採集での出来事です。よって、第1旅、第2旅である「ガーネット採集」の1週間後のお話。

＊

わが愛車BMW525iの色は、ドルフィンというちょっと濃いめのグレーだ。なかなか趣のあるいい色だと思っている。

そのドルフィンの色が最近すこーし変わった。べつに色を塗り替えたというわけではない。どちらかといえば多少カラーリングが追加されたといえばいいだろうか。何がどのように追加されたのかというと、フロントフェンダーからリヤフェンダーにかけて**何本もの細いストライプが入った**のだ。しかも左右。パッと見にはわからないのだが、光の加減で非常に目立つときがある。なかなかナイスだ。

というのも、先週（第1旅）、山の尾からの帰り道。あの車幅よりも狭い道を、1センチのガーネットを採った興奮と一日フルイをふるった疲れ、そしてすでに一度通っているという気のゆるみから、一気に下りきってしまったのだ。最後には「だいじょうぶ？」と訊いてくるカミさんに、私の方が「へーき、へーき」と答えるありさま。本当にハイな気分になっていたのでしょうねえ。ははは、その結果がこのストライプなのです。

翌日になって私、泣いてしまいました。
さて、運命の山の尾から1週間。私たちは現在、千葉県銚子《ちょうし》市の犬吠《いぬぼう》埼、銚子電鉄の犬吠駅前に来ている。世間では本日よりゴールデンウイークに突入しており、カミさんの強い希望により、その半分は宝探しに費やすことになっている。今日はその前哨戦として**琥珀《こはく》**を探してみようということになったのだ。

犬吠埼で琥珀が採れるということを知ったのは、つい数日前のこと。インターネットの鉱物掲示板で知り合った友人から「ぼくが中学生のときに犬吠崎で琥珀を採ったことがあるよ」と教えてもらったカミさんが、**早速暴走した**のでありました。

琥珀といえば岩手県久慈《くじ》市が有名なのだそうだ。だが岩手県はあまりにも遠すぎる。銚子ならば同じ千葉県内。十分日帰りできる距離である。

その日の夜、またしても「琥珀とは何か」「どうやってできたか」「1億年前の生物がどうのこうの」「映画ジュラシックパークもなんたらかんたら」と、カミさんの中ではそのときすでに、銚子に来ることになっていたのだろう。あとは**いかに私を説得して車を運転させるか**、それだけが最大の問題だったのだ。結局、毎晩カミさんの攻撃にさらされた私は、山の尾でイタイ目を見たにもかかわらず今度は銚子へと車を走らせる

琥珀（アンバー）◆太古の針葉樹もしくは紅葉樹の樹液が固まったもの。琥珀はいわゆる琥珀色をしているが、なかには赤い色をしたレッドアンバーや、紫外線で蛍光するブルーアンバーなどもある。

ことになったのだ。

戻りまして、ここは犬吠の駅前。ああ、ここに来るまでに、いや前日までになぜ私は気がつかなかったのだろうか。私たちはある大きな事実を見落としていたことをいまになってようやく気がついた。

それは、犬吠埼というところはまぎれもない観光地ということ。そして今日はゴールデンウイークの初日だということだ。さらにいうなら空は快晴、雲ひとつない。半袖でも過ごせるほどのポカポカ陽気なのだ。

結果、人人人……。人間があふれかえっているじゃありませんか。車だって渋滞しているじゃありませんか。

とりあえず灯台からは少し離れた駐車場に車を停めた。

さすがゴールデンウイーク、そこはかなり広いがギッシリと車が駐車している。

まずは、ここのどこで琥珀が採れるのかということを確認しておかなければならない。メールで教えてもらったその内容は、「海に向かって灯台を正面から見ると、右手に海岸に下りる階段がある。その階段を下りていくと元石切場だったような大きな穴があいていて、そこに水がたまっている。ちょうどそのあたりで琥珀を採ったよ」というものだった。

その場所に行くためには、まず灯台の建っている山（ガケ）を登らなければならない。もちろん階段はついている。階段はついているのだが、この壁を登るということは私たちには相当に辛いことなのだ（もちろんナマクラなだけ）。

「ヒーヒー、ハヒーハヒー、フーッ」

息を切らして階段を上る。しかし、上り切ったところで私たちを待っていたものは、このガケを登ることよりも、もっと**辛い光景**だった。

バーベキューをする**観光客**にまじって**重装備**

「いい匂いだね。イカだね」

「うん。ちょっとカップルが多いね」

「うん。家族連れもいっぱいだね」

というのは、灯台の建っているその場所は、土産物屋がずらっと軒を連ねて営業しているそのど真ん中だったのだ。灯台を挟んだ海側は、遥か太平洋を望む展望台になっていて、家族連れとカップルだらけ。たぶんここは銚子のなかで最も人が集まる場所なのかもしれない。

さて、ここで私たちの服装なのだが、今回は海ということもあって２人とも長靴。石を割らなければならないということで、私の手にはちょっと大きめのハンマー。カミさんの手にはフルイとバケツ。ちなみに、２人とも軍手を着けていました。対して観光客の皆さんは全員半袖のラフな格好でいらっしゃいまして、重装備の私どもは完璧に浮いておりました。**本当に浮いておりました。**

あ、いま目の前を通り過ぎていったカップル、女の子の方はソフトクリーム食べてた。男の方はイカの丸焼きかあ。いい匂いしてるよなあ。ちくしょう、私たちの前を通り過ぎるときチラッとこっちを見やがって、きっと後で「なにあれー、バッカじゃないの」なんていってんだ、絶対。

気を取り直して、教えてもらったとおりに下りていくと、ほぼ海岸と同じ高さのところに、石切場のように穴があいていて水のたまっているところがあった。

あった。確かにあったのだけれども、その周りはどうなっていたかというと……。あっちもこっちも、どっちもそっちも**バーベキューの嵐**だったのだ。

モクモクと上がる煙。立ち込める匂い。酔っぱらったオトーサンが真っ赤な顔で寝ている。子供たちは波打ち際でキャーキャーいって遊んでいる。ああなんてほほえましい光景……。

私は強く疑問を感じた。

「本当にこんなところに琥珀があるんだろうか」

石の中に入っているってことらしいから、とにかくそこいらにある石を割ってみないと何ともいえないのだが。

大きな水たまりの周りにはコブシ2個分ほどの大きさの石がたくさん転がっている。そのなかのひとつを見つくろいハンマーをあてる。

コンコンコン。

周りに遠慮して小さな力でしか叩けない。石は角がちょっとだけ欠けていた。これじゃあ埒《らち》があかない。1回だけ思いきってやってみよう。

「ガンッ！」

「…………」

周囲が一瞬静まりかえり、バーベキューをしている人たちの視線がいっせいに集まった。

そして数秒間の沈黙の後、また元どおりのにぎやかさに戻った。

この沈黙はちょっと辛いかもしれない。

石は割れていた。しかし、中には何もなかった。

「次、これやってみて」

カミさんが別の石を探してきた。

勇気を振り絞ってもう一度ハンマーを振り下ろす。

「ガンッ！」

視線が集まる。数秒間沈黙。石、何もなし。

……辛い。

注目されることってこんなにも辛いことだったのか。私はこの作業をあと4回繰り返したところで精神的に不安定になり、場所を移動せざるを得なかった。

移動した場所は、元の場所から数メートル離れたところ。ここならば人々の目がいっせいに集中することはないだろう。

さらに、さっきは1回ずつビクビクしながら叩いていたために、よけいに悪目立ちしてしまったのだと考えた。それならば、今度は何個かの石を一気に叩いてしまった方がかえ

って目立たないのではないだろうか。私はそのような浅はかな考えのもと、５個くらいを集めまとめて叩いた。

「はーはーはー」

息は切れたが石は見事に割れてくれた。周りの迷惑にもなっていないようだ。しかし、**琥珀はない。**よし、次は10コほどまとめて割ってみよう。

「……ふ――――」

一心不乱に石を叩いた。しかし琥珀はない。

そのとき、私は一瞬人の気配を感じ顔を上げてみてビックリした。なんとそこには、いつの間にか大勢の人が集まっていて**私たちを取り囲んでいた**のだった。そして数メートル離れたところからジーッとこちらを見ていた。さらに、その人垣を見てまた人が集まってきだした。

「ええい、見るんじゃねえ、見るんじゃねえ。行った行った」とでもいうことができればいいのだが、とてもそんな状況ではなく、私たちはうつむいたままコソコソとその場を立ち去るしかなかった。

ここにいたって私たちは、ここでの採集は不可能と判断。ほかに琥珀の産地を知らない私たちは「本日はこれにて終了」とせざるを得なかった。

石を叩き始めてからわずか30分での大英断でありました。あーあ、30分で終わりだなんていったい何しに来たんだか。

その後、**イカの丸焼きを食べて帰りました。**おいしかったデス。

数カ月後になって聞いたんですけど、琥珀が採れる場所って犬吠埼じゃないんですって。隣町の外川《とがわ》っていうところなんだそうです。犬吠埼から外川にかけての海岸沿いのガケに、琥珀の脈が出ていて、そこならば結構たくさん採れるそうです。どちらかというと犬吠埼と外川の中間から外川寄りのところがいいそうです。最近とうとう「虫入り」が出たそうですよ。良かったですね。

第16旅

中級コースは命ガケ

長野県の晶泉山《しょうせん》（仮名）の水晶

ナマクラモノの夫婦がついに中級へと進化？　上級者に案内され、たどりついたその先は輝く水晶であふれていた。

鉱物採集には初級・中級・上級があると思う。採集を始めて間もない初心者とか何年も年季の入っている達人とかの区別ではなく、初級コースへ行く人・中級コースへ行く人・上級コースへ行く人という感じで分かれるんじゃないのだろうかと思っている。

たとえば、初級者とは車などで産地へ乗りつけ、その場で採集していく人。いわゆる産地に車を横づけして採集する「横付け採集」をする人。

中級者とは目的の鉱物が山の中にしかなければ、1時間でも2時間でも歩いていって採集する人。

そして、上級者とは危険を顧みず谷やガケを越え、目的地まで何時間歩いても平気なうえ、さらに成果がなくてもまったく気にならない人。

こんな感じで3つに分けるなら私たちは文句なしに初級の部類に入ると思っている。きっとこれから何年たっても初級のままだろうとも思っている。

なぜ初級のままなのか。その理由はただひとつ、**ラクだから**である。ワハハハハ。私たち夫婦は人様に自慢できるくらいナマクラ度には自信があるのだ。

ところが、そんな私たちがついに**「中級」へと進化する**ときがきた。

「長野県の晶泉山《しょうせん》（仮名）に水晶を採りに行こうよ。まだ新しい産地でさ、あたり──

面水晶だらけなんだって」

それはオパール採集のときにお世話になった、石仲間であるサルネコ氏からのメールだった。

「行く！　絶対行く」

この内容にカミさんが反応しないわけがない。

さらにそのメールには「2時間くらい歩くらしいけど、小学生でも行けるところらしいよ」とも書かれていた。

「へー、小学生でも行けるんだ。2時間くらいならへーきだね」

「そうだね」

私たちは「絶対参加」と返信した。

思えばはじめて宝探しをした茨城県の「山の尾」は、カミさんに引っ張られてイヤイヤ行ったような気がする。確か「駐車場から歩いてすぐだから」と説得されたのではなかったろうか。そんな私がいくら「子供でも行ける」ところとはいえ、とうとう**「石のために2時間歩いてもかまわない」**と思うようになったのだ。気持ちのうえで、私はすでに「中級」へと進化していた。

しかし、このときはまだ知らなかった。その場所が「小学生でも行ける」ところではなく「小学生だから行ける」場所だったということを。

足が前に進まない！　悲しい現実が行く手を遮った

紅葉が深くなり始めた10月下旬の早朝、銀嶺《ぎんれい》山（仮名）登山道入り口。降り注ぐ太陽の日差しはまぶしいが、空気は冷たく肌寒い。

集合したのは5人。段取りをしてくれたサルネコ氏とその友人オビ氏、私たち、そして晶泉山に詳しい案内役のイケイ氏である。イケイ氏、オビ氏とは初対面だ。

私たち以外にも多くの登山客が身支度をしている。なかには70歳以上と思われる老夫婦の姿も見られるが、みんな顔艶がいい。

石探しとはいえ、その行程のほとんどは**軽い登山と同じ**である。全員が十分な山登りの装備をしていた。私たちも今回ついにトレッキングシューズを購入し山登りに対応してきた。パッと見にはほかの登山客と区別はつかない。

「ここから現場まで約2時間かかります。ところどころ休憩しながら行きますから、辰尾さんご夫婦もゆっくりでいいですよ」

さすがイケイ氏。カミさんのことをちゃんと気遣ってくれている。

このイケイ氏は晶泉山を知りつくしている。この山を知るためにかけた情熱は半端なモノではない。話によると昨年のゴールデンウイーク、まだ雪の残る登山道を「行けるところまで行ってみよう」と強行し、深まる雪のなか、前も後ろもわからなくなり遭難しかけたことがあるというのだ。すごい経験ではあるが、それで得た教訓が「ゴールデンウイークはまだ早い」なのだからトンデモナイ上級者なのである。

「じゃあ、出発しまーす」

ゲートを抜け一路銀嶺山方面に向かう。晶泉山へは銀嶺山登山道を歩き、途中から分かれるのだ。

ところがっ！　ここに来て**悲しい現実**が私の行く手を遮った。

足が前に進まない！　ゆるい上り坂に体がついていかないのだ。

運動不足だ！　見る見る3人との距離が離れていく。おじいちゃん、おばあちゃんたちが私たちを追い越していく。ゆっくり歩いているのに、汗が噴き出してきた。「おいていかないでぇー」などカッコ悪くていえるわけがない。

先行する3人の姿がまったく見えなくなり、もしかしたら本当においていかれたかもと不安になってきたころ、岩に腰かけ談笑する3人の姿がみえた。

よかった。待っていてくれたんだ。これでやっと休憩できる。私たちは安堵した。

「すいませーん。やっと追いつきましたー」

リュックをおろし、空いている岩に座ろうとしたそのとき、**無情にもイケイ氏がいい放った。**

「はい、休憩おしまいでーす。先進みまーす」

「……」

「休みたい」など、いえるわけがなかった。

道なきガケを行く、そして、その先に……

「ここから先、道はありません。沢づたいに登っていきます」

晶泉山登山道に入り、これまで歩いてきた登山道が眼下に消えたあたりで、崖崩れにより道が終わっていた。沢はその先にあるらしい。

イケイ氏が軽い足取りで横切っていく。次に私とカミさん、オビ氏、サルネコ氏の順で後に続く。ガケは遥か下まで崩れていた。

ガケの幅はそう広くはない。手をつきながら、すり足のように足を進める。しかし、ここで足を滑らせたら**生きて帰ることはできない**だろう。岩がグラグラするが、足が震えているだけかもしれない。

ガケを抜けると雑木林が待ちかまえていた。倒木が上に下に立ちはだかる。沢に出たとき服や髪の毛には細かい枝や葉っぱがたくさん絡みついていた。

「いつもより水量が多いので落ちないように気をつけてください」

道を探しながら右へ左へ沢を渡る。大きな岩をよじ登り、木にぶらさがりながら水たまりを越える。私の顔からもカミさんの顔からも、**笑顔はとっくに消えていた。**

「みなさーん。いまから沢を離れて頂上に向かいまーす」

ついに、ついに頂上という言葉が出た。「あと少し、あと少し」と自分にいい聞かせながらイケイ氏の背中を追いかける。

鬱蒼と茂った頂上付近は無数の倒木にこけがむし、危険を我々の目から隠していた。まるで濃緑の絨毯がしかれているように見える斜面に、不用意に足を踏み出せばいきなり地面が抜けてしまう。倒木と倒木の隙間をコケが隠してしまっているのだ。

「つきましたー。ここでーす」

ついた。やっとついた。私は横にあった岩に座り込んだ。

「説明します。ここからそこに見える頂上まで、**すべての岩に水晶がついています**」

気がつかなかったが、自分の座っている岩にも小指ほどの水晶がたくさんついていた。

「注意事項があります。採集は山を荒らさないために美しいモノを少しだけにしてください。マナーを守って常識の範囲内での行動を心がけてください」

全員がいっせいに散らばった。不思議なモノで、あれほどヘトヘトになっていたにもかかわらず、水晶を見たとたん体が軽くなっていた。カミさんもあっという間に頂上に向かっていった。

周囲を見渡すと、巨大な岩があちこちに転がっている。それらの岩にも細かい水晶がビッシリと張りついていた。木立が風に揺れ木漏れ日がそれらの岩を照らすと、**キラキラと水晶が反射する。**

薄暗い森の中でその光りがあちこちで輝いていた。

「こっち来てー、早く来てー」

頂上にいるカミさんが叫ぶ。

「なにーっ？」

「ここーっ！　いっぱいはえてるから早く来てー」

そこは岩が垂直の壁のように立っており、サルネコ氏とオビ氏そしてカミさんが横一列になっていた。イケイ氏は頂上の反対側に行ったらしく姿が見えない。

壁面には大小の水晶がついていた。大きさはだいたい親指の第一関節くらいのモノが多い。しかし、どの水晶もコゲ茶色をしており、残念ながらあまりきれいだとは思えない。

カミさんはその下に落ちている水晶を拾っていた。

「あんまりきれいな水晶じゃないね」

私は素直に印象を口に出した。ところが、彼女はまったく違うことをいう。

「何いってんの！　こんなにきれいな水晶見たことないわよ」

「きれい？　いったいどこを見て……」と思いながら壁面に顔を近づけ、私はおどろいた。


透明すぎるのだ。

普通どこの産地でも、水晶は不純物を含んでいることが多い。以前紹介した山梨県水晶

山の水晶は苦土電気石を大量に含んでいた。また、岐阜県中津川市一帯で採集される水晶は黒い煙《けむり》水晶だ。

ところが、ここの水晶は不純物もなくきわめて透明。コゲ茶色というのは水晶の色ではなく母岩となっている岩の色が透けて見えていたのだ。間違いない。この透明度こそがこの水晶の特徴だ。

壁際を右に左に移動しながら水晶を観察する。狭い足場にすれ違いには勇気が必要だ。腰を落ち着け水晶を集める。すると、そのなかにちょっと変わった水晶があった。

「あれ？　なんだろうこれ」

それはふたつの水晶が斜めにくっつき、**ハート形になったかわいらしい形**をしていた。

隣にいたオビ氏にそれを見せる。

「これ、双晶《そうしょう》だね」

「双晶？」

サルネコ氏が手に取る。

「日本式じゃないな。帰ったらどこかで鑑定してもらうといいよ（＊）」

＊後日、フォッサマグナミュージアムの宮島先生に見てもらったところ、「絶対とはいえないが、エステレル式双晶に間違いないだろう」とのことだった。

「ちょっとー、アタシにも見せてよー」

カミさんが腕をブンブン振っている。

双晶とは、2つ以上の結晶が対称性を持って結合したものである。けっして特殊なわけではないが、見つけようと思って見つかるものではない。

「みなさん。調子はどうですか」

ずいぶん前から姿の見えなかったイケイ氏が戻ってきた。

「そろそろ帰る時間ですよ」

まだそんなに時間はたっていないと思っていたのだが、夢中になっているとわからないものだ。

「早く帰らないと真っ暗になっちゃいますからね」

下り始めてみて、自分はこんな急斜面を登ってきたのかとあらためておどろいた。手をつき、下にある岩に伸ばした**足がプルプルと震える**。体を支えるために枝をつかんでも、握力がなくなっているために手がスルッと外れる。後に続くカミさんはお尻を突き出すばかりで足が出てこない。

先行する3人も思ったようには進めないようだ。ここで気を抜くといっかんの終わり。

私たちは半歩ずつ確実に斜面を下っていった。

が、このとき左ヒザに鋭い痛みが走った。

「こんなところでマズイ」。足を踏み出すたびに痛みは大きくなっていく。とにかくおいていかれないようにしなければいけない。しかし登山道合流地点で休憩したとき、私はついに立てなくなっていた。

「肩かしてあげるよ」

オビ氏が肩を抱きかかえ立たせてくれた。

「交代で連れていきましょう」

「すみません」

痛みで声の出ない私にかわり、カミさんが謝る。

「いいのいいの、こういうときはお互いさまだよ」

登山道をゆっくり歩く。下山予定時刻はすでにオーバーしていた。下山するおじいちゃん、おばあちゃんがチラッと私の方を見て、そのまま追い越していく。

このとき私は心の底から**「初級者のままでいい」**と思っていた。

第17旅

海岸に琥珀！ ロマンチック海岸をゆく

岩手県久慈《くじ》市の琥珀

お盆休みを利用して東北への採集旅にでかけた夫婦。琥珀のリベンジは果たせるのか？

突然ですが、「スーパー宝探し号」（第6旅）が新しくなりました。

平成12年式の三菱ミニキャブ。郵便局関係の会社が車を処分するというので、それを安く払い下げてもらったのです。

おどろいたことに、この車、なんとまだ6万キロしか走っていないのです。これまでの車がすでに16万キロを超えていたことを考えたならば、この車は私たちにとって新車も同然だ。

「ゆうパック」を配達していたこの車のボディーカラーはもちろん「郵便レッド」。赤に黄色のナンバープレートが**とってもかわいい**のだ。

寝室（荷台）も若干広くなっている。きっと十分なスピードも出るはずだ!?。これからは、この車が「二代目」として私たちの鉱物ライフをサポートしてくれるだろう。

「スーパー宝探し号」が二代目となってから約1カ月。ひさしぶりの長期休暇であるお盆休みに、私たちは東北での採集計画を立てた。

東北といえば、これまでオパールを採集した福島県までしか行ったことがなかったが、今回は各県をぐるぐるまわり岩手県まで行くつもりである。

目的の鉱物は**紫水晶と琥珀**。紫水晶は宮城県、琥珀は岩手県久慈《くじ》市である。途中にある産地に立ち寄りつつ、このふたつだけは必ず採集すると心に決めていた。

なぜなら、紫水晶については以前の記事（第11旅）で「紫水晶は日本では採れない」ということを書いたところ、「そんなことはない。オマエらが知らないだけだ」というご指摘をいただいていたからだ。またつい最近、石仲間から宮城県産の紫水晶をいただいた。淡い紫色をしたそれは何ともかわいらしくどうしても自らの手で採集してみたくなったのだ。

そして、琥珀である。私たちは以前、千葉県銚子市まで琥珀を探しに行ったことがあるが、それがまったくの空振り。私は「もういいや」という気持ちになっていた。しかし、当然カミさんはまったくあきらめておらず、直後から「琥珀といえば本場は久慈」といい続けていたのだ。

しかし、久慈市は青森県との県境近く。「遠い」という理由により、私は彼女の提案を拒否し続けてきた。カミさんも徐々に琥珀のことは口にしなくなっていた。

ところが、4月に「BE―PAL」の取材で四国を一周して以来、彼女が再びうるさくなってきたのだ。

彼女のいい分は「足摺岬に比べれば、久慈市の方が近い」というものだった。試しに375万分の1の地図で測ってみると、直線距離にして**約1センチ短かった。**カミさんの距離感覚は相変わらずである。

ところがこのお盆休み、天気予報はそのほとんどが雨であるといっていた

実際、わが家を出発してから2日間、雨が止むことはなかった。久慈市までの途中で計画していた採集はすべて中止。宮城県の紫水晶産地では、土砂降りだったためズリの目の前まで行きながら車から降りずに引き返した。

私たちは計画をすべて変更することにした。最終目的地である久慈市の琥珀を最初の目的地とし、紫水晶は帰りにもう一度訪れることにした。いまは雨でも、そのときにはきっと晴れているに違いないとふんだからだ。もちろん根拠は何もない。

しかし、この変更が数日後の私たちに**大いなる恐怖**をもたらすことになろうとは、このときは思いもよらなかった。

まずは**地元**の**博物館**で**情報収集**

「うわっ！　ちょっと見てあれ。山に**コンクリの巨大な壁**がある」

「あらあ、ホント。山からせり出してる感じ。何かしら」

雨がしとしと降る国道45号線を三陸海岸に沿って北上し、久慈市に入ってしばらく、市街を目前としたところでそれは見えてきた。

観光案内図によると、それは、ダムだった。そのダムは日本で最も海から近い場所にあるらしい。

「そこに見えるのは久慈市街だよねえ。で、あれはダムだよねえ。もし決壊したらどうなるんだろう」

「……そうだねえ」

岩手県久慈市、ここは日本の琥珀産地の中で最も有名な産地のひとつである。

「決壊したらどうしよう」などとよけいな心配をしていると、低くたれ込めていた雲の隙間から日の光が差し始めた。

「晴れた！　晴れたよ。やっと晴れた」

「よかったー。早く行こう」

私たちが向かった先は「久慈琥珀博物館」である。いつものごとく「とりあえず産地まで行って、そこで情報を得る」というスタイルの私たちは、琥珀の採掘体験もできるという琥珀博物館で情報を得ようと考えていた。さらに採掘体験で練習をしておけば地層のことや実際に琥珀が産出する状況も把握できると思っていた。

博物館の中は色とりどりの久慈産琥珀であふれていた。

が、それより**おどろいたのは採掘体験**であった。なんと、むき出しになっている地層から直接自分で探し出すのだ。用意された場所に用意された鉱物がまかれているという多くの採集体験に比べると、これは限りなく本物の採集に近い。私たちは感激してしまった。

採掘体験をした私たちはスタッフの方に、自分で琥珀を採集できる場所がないかを訊いてみた。

「琥珀の出る地層は久慈市から隣の野田村を通ってそのまま海の中まで続いています。地層の見えているところならばどこでも見つけることができると思いますが……」

＊久慈琥珀博物館
岩手県久慈市小久慈町慈町19-156-133
☎0194-59-3821

「その地層は近くで見つけることはできますか」

「んー、ほとんどわからないと思いますよ」

琥珀の出る地層は約８５００万年前の泥炭層といわれている。そんな古い地層は当然ながら何メートルも地下深くにあるのだ。

「海岸に行ってみてください。海岸のガケならば地層が出ています。そこでなら見つかると思いますよ」

海岸か。いまならまだ晴れている。

「それから、琥珀は海岸にも流れつくんです。地層は海底でむき出しになっていて、波で削られているうちに琥珀が浮き上がるんですよ。ほら、琥珀はすごく軽くてですね、淡水には沈むんですが海水には浮くんです。そしてそれが海岸に打ち上げられてくるんです。まれにですけど大きな琥珀を見つけられる方もいらっしゃるんですよ」

ほほー、「海岸に琥珀」なんてわが富山県の「ヒスイ海岸」と同じロマンチックな海岸である。海岸での採集はどちらかというと慣れている方だ。そこにも寄ってみる価値はある。

とても親切に応対してくれた琥珀博物館を後にし、私たちは来た道を戻り野田村の海岸に向かった。

石の美しさは日本一

「んんんー、これはムリかなあ」

漁港に車を停め、そそり立つ絶壁を見上げながら私は腕を組んだ。

「そうだよう、危ないから登るなんて絶対いわないでよね」

「でも、あそこに見えている黒い地層がそうなんだよなあ」

「やめてよっ！　**落ちたら直接海よ**」

「そうだよなあ、ほか探そうか」

リアス式の三陸海岸は、砂浜もあるがその多くは断崖絶壁である。国道から海岸までの道は急な下り坂が続くところばかり。安全かつ地層が見えている場所を探すことは私たちにはできなかった。

「やっぱり海岸で探そう。私たちに難しい採集はムリなんだよ」

国道に戻り途中で見つけていた砂浜に向かう。あまり多くないであろうその砂浜は海水浴場になっており、駐車場もトイレも完備されていた。車を停め海岸に下りる。人の姿はほとんど見られない。砂浜とはいえ海岸と駐車場には10メートルほどの高低差があった。

波打ち際まで近づいてみる。その海岸はジャリ浜だった。ところがなんとこのジャリのきれいなこと。私たちは琥珀そっちのけで石探しに没頭してしまった。

この海岸で見られる多くの石はメノウである。白や黄色のメノウがいい感じに丸くなってそこかしこに打ち上げられている。なかにはそのメノウに別の鉱物が染み込み、**まるで風景画のように**なっているものもたくさんあった。

この海岸の石の美しさはわが富山県が「ヒスイが流れつく海岸」として誇りにしている、朝日町「宮崎海岸」を上回るのではないだろうか。この石を持ち帰り庭の敷石にしたらどんなにきれいなことだろう。

そして海岸には貝殻もたくさん落ちていた。そういえば、高知県の海岸は色とりどりの貝殻がたくさんあった。タカラ貝以外の名前はわからなかったが、いかにも南国にいるということが貝殻ひとつにも十分感じられたのだ。ところが、ここの海岸に落ちている貝殻はすべてホタテ。手のひらほどの大きなものが海草と一緒にあちこちに打ち上がっている。まるで、大勢の人が横一列に並んでホタテバーベキューをしたかのごとくだ。

そういえば中学生のとき「ホタテは冷たくて浅い海底に住む」と習ったことがある。岩手県は北の国なんだと強く実感した。カミさんはそれを胸にあて**「貝ビキニだぞ」**なんて喜んでいたけれど……。

さて、いつまでも石拾いばかりしてはいられない。琥珀である。

琥珀は淡水には沈むが海水には浮く。そういう性質を考えると波打ち際にある可能性は低い。左右を見渡すと、波打ち際より数メートル手前に打ち上げられた海草が一列に並んでいた。ポイントはそこだ。もしくはそこから陸地側である。私たちは採集ケースに海水を汲み、海草がたまっているあたりにしゃがみ込んだ。

琥珀博物館で聞いた話によると、琥珀は長時間太陽に照らされたり風化したために表面が白くなっているらしい。一見しただけでは石と見分けがつかないそうなのだ。さらに琥珀はプラスチックかと思うくらいに軽い。それならば持てばわかりそうなものなのだが、同じくらいの軽さの石もたくさんあるのだ。

そこで採集ケースに汲んだ海水である。微妙だと思ったときにはここに入れてみればいいのだ。

浮けば琥珀、沈めば石。極めて明快である。

ワカメをどかしながら、じわりじわりと進んでいく。琥珀かと思われたものはことごとくケースの底に沈んだ。

琥珀はどこだ？

しゃがんだままでは足が痛くなって仕方がない。ときどき背伸びをし、頭を振って首をコキコキ鳴らす。カミさんを見るとずいぶん先まで進んでいた。

「どお、見つかった？」

彼女に駆け寄り成果のほどを訊く。

「見て！　すごいよ。こんなにたくさん」

彼女がニッコリ笑ってケースを差し出した。

白、黄色、赤……。

「これ、メノウじゃん。琥珀は？」

「えー、ぜんぜんないんだもん。もうやんなっちゃった」

飽きてきたのは私も同じ。

そのとき、ポツリポツリと再び雨が降ってきた。空はいつの間にか黒い雲で覆われていた。

「雨も降ってきたし、時間も時間だし、もうおしまい。戻ろ」

「そうだね、もういいか」

ここであきらめてしまうのはかなりもったいないが、雨に濡れるのは好きではない。車に戻ったとき雨足はかなり強くなっていた。

「今日はもう晴れそうにないよ」

私たちは採集をあきらめ八戸自動車道の軽米《かるまい》インターに向かうことにした。

「でもいいの？　結局採集できなかったんだよ」

「いいの。あきらめは肝心よ。また来ればいいの」

また来られるかどうかは微妙だが、琥珀博物館の採掘体験で実際の地層も掘ったし、そこからいくつかの琥珀も見つけた。それでよしとする……か。

降り続く雨のなか、激しい雷鳴にビクビクしながらも私たちは翌日の採集に思いをはせていた。

つづく

第18旅

ドーンと恐怖の大王

宮城県ハレカツ山（仮名）の紫水晶

東北採集旅行の最後日……。鉱物夫婦、最大のピンチ？
自然の中では、安全が保証されている場所などないのだ。

仮にハレカツ山としておこう。宮城県南部、福島県との県境近くにあるこの山は、かつて紫水晶を多産していた。

しかし、私たちが鉱物採集を始めたときには、すでに絶産してから何年も経過しており、どのガイドブックを読んでみても、誰のホームページを見てみても「もう採れない」と書かれているばかりであった。

私たちは写真でしか見たことがなかったが、淡い紫のそれはピンク色にも見え、その美しさは十分知っていた。

しかし、もうないのだ。ハレカツ山（仮名）の紫水晶はこのまま当時を知っている鉱物採集家の記憶のなかに埋もれ、**「あそこの紫水晶はキレイだったなあ」**と思い出話の中にしか登場しない伝説の水晶になるのだろうと思っていた。

そんなある日、石友のハルソラさんから1通の手紙が届いた。封を開けると手紙とともに何かを包んだエアパッキンが出てきた。

カミさんが手紙を読む。

「えっと、これはハレカツ山のむらさきすい……えっ！」

「えっ！　何!?」

なんとそれはハレカツ山の紫水晶だった。あわててパッキンを外す。するとそこには淡い淡い紫の水晶があった。

「こ、これがハレカツ山の……」

それは紫というには、あまりにもはかない色をしていた。ピンクではない。強いていうなら藤色であろうか。写真などよりも圧倒的な存在感だ。

はじめてハレカツ山の紫水晶を見た私たちは、しばらくのあいだその色に魅せられてしまった。

「……あ、続き読んで」

「そうそう。えー、これは1週間前にウチのダンナが採集してきたものです……」

「ええっ！　採集？　採れるの!?」

「そうみたい」

……

欲しい、欲しい、欲しい、欲しい、欲しい。採りたい、採りたい、採りたい、採りたい。

「よし、行こう！」

私たちの心は決まった。

しかし、そこは長年採集家が掘り返した土がズリを覆ってしまっているため、紫水晶の層に達するにはずいぶん掘らなければならないといわれている。

「ま、何とかなるさ」

「ああ、両手に持ちきれないくらい採れたらどうしようかしら」

何とかなるのかならないのか、そこで遭遇することになる**「恐怖の大王」**の存在も知らないまま、私たちは相変わらずのんきなことを考えていた。

自分に合った採集スタイルで

「晴れた！ 晴れてるよ。雲ひとつない」

「ホントだ。日にちずらして正解だったね」

二代目スーパー宝探し号の中で目覚めた私たちは、空の青さに歓喜の声をあげた。
お盆休みに東北での採集旅に出た私たちは、連日の雨のため予定していた採集をほとんどあきらめてきたのだが、5日目にしてついに快晴の空を見ることができたのだ。
とくにハレカツ山は、初日にズリの目の前まで行きながらも土砂降りのため引き返したところだ。もしこの日も雨だったならば、東北に来た意味もなくなってしまうほど絶対にあきらめるわけにいかないところなのである。

未舗装の林道をタイヤを気にしながらゆっくり進む。4日前に一度来ているところであるから場所を間違えることはない。

ほぼ平坦な道をしばらく進むと、駐車している数台の車が見えてきた。

「さすがに今日は来てるね。4日前は誰もいなかったのに」

「あはは、それは私たちも一緒よ」

ひさしぶりの青空に私たちの心は弾んでいる。車はズリのすぐ近くに停めることができた。運転席から見上げるとその一部が見えるほどである。駐車している車の横を通りズリへと続く道を歩く。早速、道の途中で水晶を拾っている人を見つけた。

「こんにちは、このあたりでも採れるんですか」

「ああ、破片ならここでも見つかるよ。僕はもう帰るところなんだ」

「え、まだ午前中ですよ」

「いやあ夜明けからやっててね、これから次の産地に行く予定なんだ」

この人はなかなかの強者だ。私たちはひとつの産地にじっくりいたい方であるため、

一日一産地と決めている。1日に複数の産地をまわることも上級者の条件のひとつかもしれない。

「ズリはね、もう少し上に上がったところからだよ。横長になってて、紫水晶が出るところは左半分の真ん中より上かな。それじゃ、がんばって。おさきー」

ズリにはすぐに到着した。そこは何十年にもわたって掘り返された結果だろうか、茶色い地肌が多く見えている。そして茶色の海に浮かんだ小島のようにところどころに木がはえていた。

見渡してみると私たちはズリのちょうど真ん中の下あたりにいるようだ。ここから左上に向かって登っていけばいいのだろう。斜面は緑水晶を採集したところや晶泉山（仮名）に比べると、水平といってもいいくらいの角度である。

斜面を登っていくと数人の人の姿が見えてきた。みんなスコップを持って一所懸命に穴を掘っている。そのなかでラジオをつけお茶を飲みながらのんびり探している人がいた。その人に声をかける。

「必死にやったって疲れるばっかりだからね。こんな感じでやる方が僕は好きだな。空気もきれいだしね」

この方は今日一日かけてのんびりと採集するという。きっと採集自体を楽しむ人なのだろう。

また、ちょっと離れたところで穴を掘らずに表面をシャベルでひっかいている人がいた。

「こんにちは。そんな方法で見つかるんですか」

「見つかるよ。あのさ、みんながむしゃらに掘っているだろ、紫水晶に気づかずに一緒に放り投げている人が多いんだよ。だから、こんなやり方でも結構見つかるんだ」

そういってその人は、今日の収穫という紫水晶をポケットから取り出した。

「へーっ、こりゃキレイだ。しかも4本も」

「へへ、**オレはいつもこんなふうにやってるんだ**。まんざらでもないよ」

こんな方法もあったのか。これならば私たちでも大丈夫。何とかなりそうだ。

どの産地も同じだが、ガイドブックやインターネットにはその産地の定石の探し方しか紹介されていない。実際にはいろいろな方法があるはずなのだが、それはその場に行かなければわからないことなのだろう。

さて、そろそろ私たちも腰を落ち着けて採集を開始しなければならない。どこがいいのか探していると突然、私たちを呼ぶ声がした。

「あれれ、辰尾さんじゃないですか」

「あらー、ここで会えるなんて、これは嬉しい」

それは、紫水晶を送ってくれたハルソラさんのご主人だった。

「ハルソラさんも一緒？」

カミさんがその姿を探しながら訊く。

「すいません、急に来ることにしたんで、今日は私ひとりなんです」

それは残念。でも、ご主人ともひさしぶりの再会である。カミさんもとても嬉しそうだった。

彼はすでに大きな穴を掘っていた。斜面を崩しながら水平に掘り進み、タタミ1畳ほどの広さになっていた。先端は2メートルほどの高さのガケになっていて、そこから斜面によじ登ることは不可能だ。

「ひとりで掘ったんですか!?」

「やめてくださいよ。ひとりでこんなに掘れるわけないじゃないですか。掘ってあった穴を利用しただけですよ」

そりゃそうだ。

お店では買えない石を探す楽しみ

私たちはその穴の少し上で探し始めることにした。はじめは穴を掘ろうともしてみたが、ちょっと掘っただけで汗だくになってしまい、すぐにあきらめた。やはり私たちには表面採集の方が向いているようだ。スコップをシャベルに持ち替え表面をなでるように探す。

「あったーっ！」

しばらくしたところで穴の影からご主人の声が聞こえた。彼が小指ほどの土の塊を高く掲げた。それをあらかじめバケツに汲んであった水につけ、土を洗い落とす。するとそこにはヒビのひとつもない、淡い色をした紫水晶の結晶があった。

カミさんがそれを手のひらにのせてもらう。

「はあー、この色はこの産地独特の色なのかしらねえ。なんだか**日本の雅**を感じるわ」

「そうですよねえ、でも聞いたところによると、もっと濃い紫もあるみたいですよ」

「えー、私この色の方がいい。濃い紫ならどこにでも売っているじゃない。でも、**この色は売っていない**もの」

確かに、カミさんのいうことには一理ある。しかし、だからといって濃い色のものが出ても「いらない」とはいわないはずだ。

再びズリに散らばり紫水晶を探す。次に見つけたのはカミさんだった。足元の土をいじっていたところ、コロリンと出てきたそうである。私はというと残念ながら破片をいくつか見つけただけだった。

だが、いまはまだお昼前、時間はたっぷり残っている。時間をかけてじっくり探せば、必ず見つかるはずだ。

しかし、そんな期待はもろくも崩れ去った。やってきたのだ「恐怖の大王」が……。

やばい、ズリが崩壊する！

「あ、地震だ」

誰かがいった。

「あ、ホント。地震」

カミさんが私の顔を見る。

「へ？」

揺れに気づかなかった私は、一瞬、彼女が何をいっているのか理解できなかった。しかし、直後にドンドンドンドンドンと地面を突き上げるような振動がやってきた。

初期微動だ。だが、こんなに強い初期微動は経験したことがない。ということは……ヤバイ、巨大地震が来るってことじゃないか！　この後に主要動が来るんだ。血の気が引いた。どうする。逃げる場所などない。

ドーーン！

実際にそんな音がしたかどうかはわからない。しかしその瞬間から私の体は右へ左へと振り回された。

「穴から離れろっ‼」

誰かが叫んでいる。

ズリを取り囲んでいる森がしなる。バラバラと地面が崩れ出す。

私は地面に手をつきながらズリの上部をにらみつけていた。もし大岩が崩れてきたらよけなければならない。

ガラガラと岩が転がっていく音が聞こえる。

カミさんは大丈夫か。だが、彼女を振り返る余裕がない。早く止まれ。早く終われ。お願いだ、崩れないでくれ！

★

「だ、大丈夫だった？」

「う、うん。なんともない」

大きな岩がいくつか崩れていたが、ズリの上部にいた私たちには影響がなかった。

そこにいた全員が地面に座り込みため息をついていた。ケガをした人はいないようだった。

「午前11時46分頃、宮城県地方で地震がありました……」

ラジオの地震速報が始まった。

「各地の震度です。宮城県南部……震度6弱」

‼

「し、しんどろくじゃくう⁉」

みんなが顔を見合わせる。

「よ、余震……が来るかも」

誰かがぽつりといった。

そうだ、こんなに大きな地震ならば必ず余震が来るはずだ。こんなところにいる場合ではない。もしかしたら今度こそ**ズリが崩壊する**かもしれない。そうでなかったとしても、帰りの林道が崖崩れで埋まってしまうかもしれない。いや、もう埋まっている可能性だってある。

「帰ろう。帰りましょう」

皆の意見が一致した。

大急ぎで採集道具を片づけ、ズリを下りる。ほかの人たちも順次下りてきているようだ。

「それじゃ、お互い気をつけて帰りましょう」

ご主人が先陣を切って車を出した。

私たちもエンジンをかける。林道は数キロ続き国道に突き当たる。そこまでたどり着くことができればひとまず安心だ。

薄暗い林道を急ぎながらもゆっくりと戻る。来るときにはなかった岩がいくつか転がり落ちていたが、幸いにも道が埋まっていることはなかった。

「家に帰りたい」という気持ちが強かった。採集予定は翌日まで組んでいたが、それらをすべて中止し東北自動車道の国見インターに向かった。

山にいても海にいてもどこにいても、危険は必ず隠れている。今回の地震は特別なことだったのかもしれないが、そのことは絶対に頭の片隅に入れておかなければならないことだ。

＊

国見インターに到着してみると、東北自動車道は通行止めになっていた。

あとがき〜どこかのズリでお会いしましょう！

本書は小学館のアウトドア雑誌「ＢＥ‐ＰＡＬ」の２００４年7月号から２００５年8月号まで連載されたお話に加筆修正を加えたものです。

連載分では14の産地を、そして加筆分で４つ。あわせて18の産地を本書で紹介しています。ホントはもっともっと紹介したい産地があるんですけれど、ページ数の関係とか諸々の事情でそれらは泣く泣く割愛しました。

それにしても、本書執筆にあたって見直してみると「水晶」と「ガーネット」の多いこと多いこと。このふたつは日本中どこにでもあるんだって、あらためて実感した次第であります。

ところが、日本で宝石が採れるなんて、ほとんどの人が考えてもいないんですよね。きっと誰にも気づかれずに眠っている宝石って全国にたくさんあると思います。

どうですかみなさん。これは探しに行かなきゃ損ですよ。さあ次の日曜日、さっそく近くの山へ宝探しに出かけましょう！　もちろん本書を熟読してからね。

ところで、本書の出版にあわせてホームページを作りました。宝石と鉱物のホームページです。「宝石・鉱物なんでも相談」「くみ子のコレクション紹介」などコンテンツもいろいろ考えております。ぜひ、ご覧になってください。

辰尾良二&くみ子のホームページ
http://atelierkuming.web.fc2.com/rkhp/ex.html

最後に、本書を築地書館から出版するにあたって、快く許可をくださいましたBE-PAL編集長の加藤直人様。また連載時、私たちの担当をしてくださいました当時副編集長の宮川勉様はじめ編集部の皆様に心よりお礼を申し上げます。

またイラストを担当してくださいました高橋てつこ様。カメラマンの遠藤義人様。ありがとうございました。

そして、本書の執筆にあたってご協力いただいた方々です。感謝いたします。

松原聰先生（国立科学博物館）、宮島宏先生（フォッサマグナミュージアム）、

Saruneko様「Saruneko Collection」(http://www8.ocn.ne.jp/~saruneko)、BEE様「はちみつ屋」(http://home.att.ne.jp/green/bee/)、池井克己様、「ひとやすみ」(http://www.janis.or.jp/users/ikei/index.html)、柴山元彦先生(『関西地学の旅~宝石探し』著者)。

また、採集旅で出会った方々、お世話になった各自治体の方々にお礼申し上げます。

築地書館の稲葉将樹様、前著に続きふたたび一緒に本を作れたことをうれしく思っています。

さて、私たちの旅はまだまだ続きます。どこかのズリでお会いできたら、ひと声かけてくださいネ。

最低限の用語解説（五〇音順）

頭付き

結晶の先端を頭といい、それがついているもの。なかには上下が頭になっているものもあり、それらは「両頭」や「ダブルポイント」と呼ばれている。先端のとがった結晶の場合は「両錘」ともいう。

群晶

クラスターともいう。同じ結晶がひとつの母岩にまとまって付いているもの。そこから離れてしまったものを分離結晶という。

結晶・結晶系

その鉱物の分子が規則正しく並んだ状態を結晶といいます。結晶はその鉱物特有の形をしており、その面を結晶面という。鉱物採集においては結晶面を見て種類を判断することが多い。

結晶の形は大きく分けて、等軸晶系、正方晶系、単斜晶系、三斜晶系、斜方晶系、六方（三方を含む）晶系の6種類があり、それぞれを結晶系と呼んでいる。べつに知らなくても不都合はないが、知っていると少し賢くなったような気になれる。

硬度

一般的に「モース硬度」のことをいう。その昔、モースという学者さんが10個の石を並べて、「これはこれより硬い」という具合に順番をつけてみたもの。モース順番といった方が正確かも。

1滑石、2石膏、3方解石、4蛍石、5燐灰石、

6正長石、7石英、8トパーズ、9コランダム、10ダイヤモンドの順になっている。

ちなみに7と8のあいだの鉱物があった場合、単純にあいだにあるということで7・5と表しています。7・2や7・6はない。何種類あっても7・5。

坑道

鉱物を採掘するために掘ったトンネル。当然ズリの近くにある。廃坑になった坑道は危険なためコンクリートで蓋をされているが、いつ崩れてもおかしくない状態でそのまま残されているものもある。

鉱物と鉱石

鉱物のなかで、人間に有用な物質を取り出せるものを鉱石と呼んでいます。たとえば、モリブデン鉱石である輝水鉛鉱はモリブデンの鉱石鉱物です。

晶洞

ペグマタイトなどの中にある空洞のこと。「ガマ」とも呼んでいる。ペグマタイトは比較的壊れやすいため、地殻変動などでつぶれて地層の一部になっていることが多い。もしつぶれていないペグマタイトがあった場合、その中の晶洞には真の意味で無垢な宝石が眠っているだろう。その晶洞を見つけるのも楽しみのひとつ。

晶洞が大きければ大きいほど宝石は大きく育つ。滋賀県の田上山では洞窟かと思えるほどの晶洞が見つかっている。

ズリ

目的の鉱物が埋まっているところ。本来は鉱山が稼働していたときに目的の鉱物以外の鉱物を捨てた場所。極端なたとえですが、銅鉱山ならたとえダイヤモンドが出てきたとしても捨てられる。ダイヤモンドから銅は取れないから。

よって、ズリにはトンデモナイ宝石が眠っている可能性があるということ。宝石探しの基本はこれだ。

双晶

ふたつの結晶がある関係を持って結合しているもの。偶然くっついているだけでは双晶とはいわない。3つの結晶がつながった三連双晶などもある。また、結合する角度や平行になっている面により多くの種類に分けられている。

双晶はどんな結晶にでも起こり得るが、水晶において話題になることが多い。最も有名なものは日本式双晶と呼ばれるハート形をした水晶で、明治時代に日本で多産したことからこの名前がついた。

その他にもエステレル式双晶やドフィーネ式双晶などがある。

劈開《へきかい》

鉱物の割れ方を表す用語。鉱物には一定の方向に割れやすい性質を持ったものが多くあり、わずかな衝撃でも割れてしまうことがある。これを劈開と呼んでいます。また、劈開により割れた面を劈開面といい、結晶面とは区別しています。

劈開がはっきりわかるものは「完全」。ないものは「なし」。よく見ないとわからないものは、わからないにもかかわらず「明瞭」という。

ペグマタイト

宝石が生まれる場所のひとつ。マグマが地下深くで固まるとき、水分や気体がマグマ上部の1か所に集中し最後に固まっていく。そのとき体積が減ることから空洞が多く生まれる。宝石はその空洞の中で空間的な制約を受けずに育つ。

そのほか、宝石が生まれる場所として、堆積岩が地下深くでマグマによる熱の影響を受けたスカルンやホルンフェルスと呼ばれる場所がある。

母岩

その鉱物が育つための土台になる岩石のこと。宝石の色やインクルージョン（内包物）は母岩の影響を強く受ける。母岩となる岩石は地域によって違うため、同じ種類の宝石でもそれを注意深く観察すれば産地が特定できる場合が多い。

宝石の結晶が母岩についた状態のものを「母岩つき」といい、産状がよくわかるため鉱物収集家がよく欲しがる。

露天掘り

脈に沿って横に掘り進める坑道掘りに対し、地表から脈に向かって掘り下げていく方法。広い範囲に宝石が堆積しているようなところで有効。スリランカなどはこの方法で多くの宝石を掘り出している。

＊もっと詳しく鉱物・宝石について知りたい方は、前著『宝石・鉱物おもしろガイド』（築地書館）をお読みください。

週末は「婦唱夫随」の宝探し

2006年7月19日　初版発行
2010年6月10日　2刷発行

著者　辰尾良二・くみ子
発行者　土井二郎
発行所　築地書館株式会社
〒104-0045
東京都中央区築地7-4-4-201
☎03-3542-3731　FAX03-3541-5799
http://www.tsukiji-shokan.co.jp/
振替00110-5-19057
印刷製本　株式会社シナノ
装丁　ペーパーインク・デザインサイクル
イラスト　高橋てつこ

　ISBN 978-4-8067-1332-6 C0026